Inhaltsverzeichnis

1 Physik – was ist das? 6

2 Vom Licht 20

So kannst du vorgehen

1 Physik – was ist das?

1 Das Experiment – eine Frage an die Natur
Das Vorbereiten, Durchführen und Auswerten von Experimenten gehört zu den grundlegenden Arbeitsweisen des Physikers. Was musst du beim Experimentieren beachten? Wie kannst du die Sicherheit beim Experimentieren gewährleisten?

2 Die Wirklichkeit vereinfacht

Um die Ausbreitung von Licht zu beschreiben, nutzt der Physiker Vereinfachungen. Er spricht von Modellen. Suche in deinem Alltag ein Modell, mit dem die Wirklichkeit vereinfacht wird. Finde heraus, welchem Zweck es dient.

3

Feuer und Flamme

Ein Lagerfeuer verbreitet eine angenehme und beruhigende Stimmung. Feuer spendet uns aber vor allem Licht und Wärme. Haben Licht und Wärme des Feuers Gemeinsamkeiten?

4 Die Gestalt des Monds

Der Mond ist wie die Erde kugelförmig. Am nächtlichen Himmel sehen wir den Mond aber manchmal als Vollmond und manchmal als Mondsichel. Wie kommen diese verschiedenen Erscheinungen zustande?

Physik und Natur

Tim lässt sich gerne Zeit beim Essen. „Das ist blöd: Am Ende ist das Essen immer kalt", sagt er. „Das ist immer so", meint Tina dazu, „heiße Dinge kühlen von alleine ab." Das ist eine allgemeingültige Regel. Welche allgemeingültigen Regeln fallen dir noch ein?

Alles um uns herum unterliegt bestimmten Regeln. Das ist ein Grundprinzip der Natur. Ein Naturwissenschaftler beschäftigt sich damit, diese Regeln herauszufinden und zu verstehen.

> Man unterscheidet die drei Naturwissenschaften Physik, Biologie und Chemie.

Die **Physik** untersucht grundlegende Erscheinungen und Gesetze, die sowohl in der belebten als auch in der unbelebten Natur auftreten.

Die **Biologie** untersucht Erscheinungen des Lebens von Pflanzen, Tieren und Menschen, wie z.B. die Ernährung, Fortpflanzung, Fortbewegung und Entwicklung.
Auch der Aufbau und die Wirkungsweise von menschlichen und tierischen Organen werden in der Biologie untersucht.

Die **Chemie** untersucht Erscheinungen, die mit dem Aufbau, den Eigenschaften und der Umwandlung von Stoffen unserer Umwelt verbunden sind.

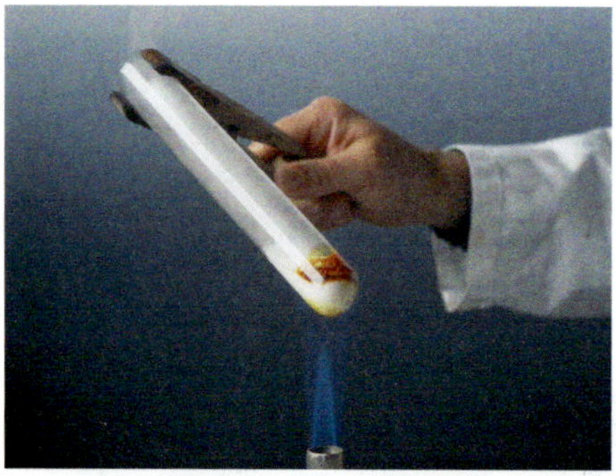

1 Im Chemielabor wird die Umwandlung von Zucker beim Erhitzen untersucht. Was kannst du erkennen?

2 Ein Biologe untersucht die Entwicklung von Igelbabys. Welche Veränderungen kann er beobachten?

Physik und Technik
Die Physik ist eine wichtige Grundlage der Technik. Dabei werden bewusst physikalische Erkenntnisse genutzt, um Geräte und Anlagen zu bauen. Wenn man einen Lichtschalter betätigt, dann leuchtet die Deckenbeleuchtung im Zimmer auf.

Die Physik ist eine wichtige Grundlage der Technik. in der Technik werden physikalische Gesetze vom Menschen genutzt.

Physikalische Gesetze
Wenn Physiker eine Regel gefunden haben, die unter bestimmten Bedingungen immer gilt, nennen sie diese Regel physikalisches Gesetz.

Physikalische Gesetze sind grundlegende Zusammenhänge in der Natur, die unter bestimmten Bedingungen stets wirken.

Wichtige Arbeitsweisen der Physik sind das **Beobachten**, das **Experimentieren** und das **Messen.** Diese sind wichtig, um physikalische Gesetze erkennen zu können.

Welchen physikalischen Zusammenhang untersuchen die Schüler in ihrem Experiment? Stelle Vermutungen an.

Physik im Alltag
Physikalische Erkenntnisse spielen auch in unserem täglichen Leben eine wichtige Rolle. Wir nutzen diese Erkenntnisse, wenn auch teilweise unbewusst, in vielen Situationen. In einem anfahrenden oder bremsenden Bus musst du dich festhalten, um nicht umzufallen. Das gilt auch bei einer Kurvenfahrt.

Die Physik ist eine wichtige Grundlage unseres täglichen Lebens. Die bewusste Nutzung physikalischer Erkenntnisse erleichtert unser Leben und erhöht unsere Sicherheit.

Aufgaben

1 Ordne folgende Fragestellungen einer der drei Naturwissenschaften zu:
In welcher Jahreszeit vermehren sich Maulwürfe?
Kann man Öl mit Tinte blau färben?
Taucht ein Stück Holz in Öl unter oder schwimmt es?

2 Es gibt auch Themen, deren Erforschung im Grenzbereich von zwei Naturwissenschaften liegt. Ordne folgenden Themen jeweils mehrere Naturwissenschaften zu:
das Auge, das Feuer, die Atmung, das Kochen.

3 Ein physikalisches Gesetz lautet: „Um einen Körper anzuheben, muss Kraft ausgeübt werden.“ In einigen Fällen muss eine große Kraft ausgeübt werden und in anderen reicht eine kleine Kraft aus. Nenne je zwei Beispiele.

Teilgebiete der Physik

Das Teilgebiet der Physik, das sich mit Licht beschäftigt, heißt Optik.
Die Elektrizitätslehre beschäftigt sich mit elektrischem Strom.
Fallen dir Berufe ein, die zu diesen Teilgebieten der Physik passen?

Es lohnt sich, Bereiche innerhalb der Physik zusammenzufassen, die sich mit denselben Erscheinungen beschäftigen. Dann ist es leichter herauszufinden, welche Gesetze für diese gelten.

Elektrizitätslehre

> In der Elektrizitätslehre untersuchen Physiker Erscheinungen, die mit elektrischem Strom zusammenhängen.

In der Umwelt wird Elektrizität bei Gewitter als Blitz sichtbar. Noch vor zehn Generationen erlebten die Menschen Blitze als unerklärliche Wunder und kannten keine anderen Formen von Elektrizität. Viele Physiker haben seither elektrische Erscheinungen sorgfältig erforscht. Inzwischen beherrschen wir Menschen den Umgang mit Elektrizität so gut, dass wir viele technische Geräte benutzen, die auf elektrischen Effekten beruhen.

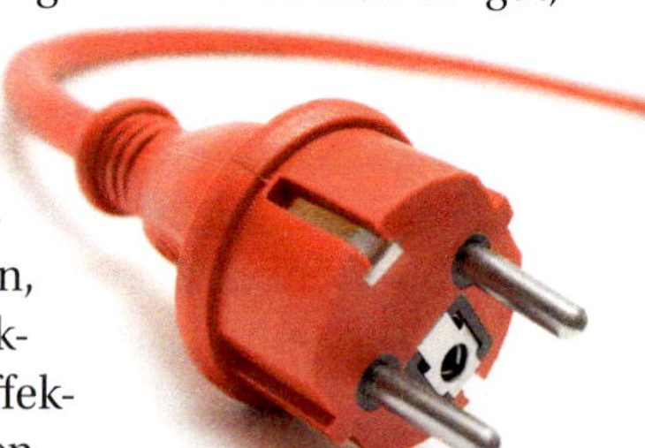

1 Nenne Gründe, warum man Blitze früher für unerklärlich hielt.

2 Wie sähe dein Leben ohne Elektrizität aus?

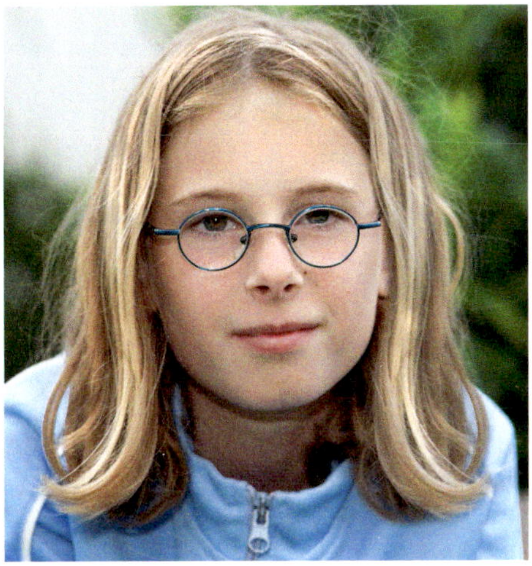

Optik

Wir Menschen nehmen unsere Umwelt hauptsächlich mit den Augen wahr. Aus dem Licht, das sie einfangen, formen sie Bilder unserer Umgebung. Licht spielt schon immer eine entscheidende Rolle im Leben der Menschen.

Daher ist es nicht verwunderlich, dass schon lange vor Christi Geburt die ersten Forscher damit begonnen haben, das Licht und seine Eigenschaften zu untersuchen.

> Das Teilgebiet der Physik, das sich mit Licht und seinen Eigenschaften befasst, nennt man Optik.

Schon um das Jahr 100 n. Chr. herum erkannten griechische Wissenschaftler, wie man Licht durch Glas und Spiegel beeinflussen kann. Viele Physiker entwickelten inzwischen diese Erkenntnisse weiter.

Die Anwendung dieses Wissens hat Einzug in unseren Alltag gefunden, zum Beispiel in Form von winzigen, aber sehr leistungsfähigen Handykameras.

Aufgaben

1 Nenne mindestens drei Geräte aus deiner Wohnung, die ohne Anwendung der Elektrizität nicht funktionieren würden.

2 Elektrizität wird zum Beispiel angewendet, um
a) eine Kraft auszuüben,
b) zu beleuchten,
c) Bilder und Texte zu speichern.
Ordne diese Geräte jeweils einem der Punkte zu:
Computer, Küchenmixer, Schreibtischlampe.
Fertige eine Tabelle an und finde weitere Beispiele.

3 Betrachte deinen Mitschüler aus mehreren Metern Abstand. Halte nun deine Hand so zwischen euch, dass du seine Augen nicht mehr sehen kannst.
Kannst du vorhersagen, was dein Mitschüler jetzt von dir sehen kann? In welches Teilgebiet der Physik ist diese Fragestellung einzuordnen? Begründe deine Antwort.

Physiker machen sich eine Vorstellung

Weitere Teilgebiete der Physik beschäftigen sich mit Wärme oder mit Schall. Um zu erklären, wie ein Geräusch durch die Luft an dein Ohr dringt, stellen Physiker sich die Luft als viele schwebende Kugeln vor. Hast du eine Vorstellung, was heiße von kalter Luft unterscheidet?

In einigen Teilgebieten der Physik hat es sich als sinnvoll herausgestellt, sich die Materie, aus der Stoffe und Körper bestehen, als kleine Teilchen vorzustellen.

Wärmelehre

> In der Wärmelehre untersuchen Physiker alle Erscheinungen, die mit der Temperatur von Körpern zu tun haben.

Man kann sagen, dass bereits die Steinzeitmenschen sich mit der Wärmelehre beschäftigt haben. Sie haben durch Ausprobieren herausgefunden, wie sie mit Fellen die Abkühlung ihres Körpers verhindern konnten. Erst im 17. Jahrhundert wurden Thermometer entwickelt. Mit ihnen war es endlich möglich, Temperaturen genau zu messen und die Effekte in der Wärmelehre systematisch zu untersuchen. Physiker können viele Beobachtungen der Wärmelehre erklären, indem sie annehmen, dass alle Stoffe aus vielen winzigen Teilchen bestehen, deren Verhalten sich mit der Temperatur ändert.

Der Ballon mit heißer Luft ist leicht und steigt auf.

Wie hielten sich diese Steinzeitmenschen warm?

Akustik

> Alles, was mit der Erzeugung von Tönen und der Ausbreitung von Schall zu tun hat, wird in der Physik in dem Teilgebiet Akustik zusammengefasst.

Viele Regeln der Akustik wurden schon früh beim Bau von Instrumenten angewendet, ohne dass man eine Vorstellung davon hatte, was Schall eigentlich ist.
Zwar hatten bereits griechische Wissenschaftler einige Hundert Jahre vor Christi Geburt erkannt, dass Schall eine Art von Welle ist, aber erst LEONARDO DA VINCI (1452 - 1519) fand in seinen Experimenten heraus, dass die Luft diese Schallwellen transportiert.
In den sorgfältigen Forschungen späterer Physiker ergaben sich die genauen Regeln für die Schallausbreitung durch Luft. Die Eigenschaften von Schall lassen sich gut beschreiben, wenn man annimmt, dass Luft aus vielen winzig kleinen Teilchen besteht, die durch die Schallwelle zusammengedrückt oder auseinandergezogen werden.

Das Fell der Trommel drückt bei seiner Bewegung die Luftteilchen zusammen.

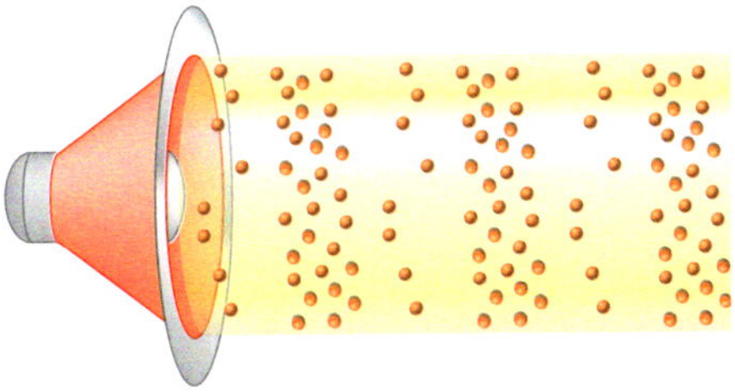

Physiker stellen sich vor: Der Lautsprecher drückt die Luftteilchen erst zusammen und zieht sie dann wieder auseinander.

Aufgaben

1 Ordne folgende Fragen einem Teilgebiet der Physik zu:
- Erzeugt eine große Glocke einen höheren oder einen tieferen Ton als eine kleine Glocke?

- Ist heißes Wasser schwerer oder leichter als kaltes Wasser?
- Kann man Töne hören, die in einem geschlossenen Kasten erzeugt werden?
- Was passiert, wenn man heißes mit kaltem Wasser mischt?

2 Untersuche selbst:
Lege einen aufgeblasenen Luftballon in den Kühlschrank und lasse ihn 5 Minuten liegen.
Was kannst du feststellen? Erkläre die Beobachtung mit der oben gegebenen Vorstellung

Das Experimentieren

Wenn du einen Gegenstand loslässt, fällt er herunter. Ist das immer so? Beim Experimentieren achtet man genau darauf, unter welchen Bedingungen etwas passiert.

Das Vorbereiten, Durchführen und Auswerten von Experimenten gehört zu den grundlegenden Arbeitsweisen des Physikers. Mit Experimenten kann man Zusammenhänge erkennen und genauer erfassen. Es lassen sich Naturerscheinungen exakt untersuchen und Größen bestimmen. So kann man beispielsweise Untersuchungen an einer waagerechten Stange durchführen, die drehbar aufgehängt ist. Eine solche Anordnung nennt der Physiker „Hebel."

- Beim Experimentieren wird eine Erscheinung der Natur beobachtet und ausgewertet. Die Bedingungen werden dabei genau ausgewählt und lassen sich beim Wiederholen des Experiments wiederherstellen.

Dabei vereinfacht man häufig gegenüber der Wirklichkeit und nutzt Modelle. So kann man zum Beispiel den Hebel als Modell für die Hantel eines Gewichthebers ansehen.

Im Experiment kann man untersuchen, unter welchen Bedingungen ein Hebel im Gleichgewicht ist.

Der Gewichtheber muss die Hantel im Gleichgewicht halten, wenn er sie hochstemmen will.

Erforsch es

Größe und Lage von Bildern

1. Erzeuge mit einer Linse unterschiedlich große Bilder einer Kerzenflamme.
   a) Das Bild der Flamme soll möglichst groß sein.
   b) Das Bild der Flamme soll möglichst klein sein.
   c) Das Bild der Flamme soll so groß sein wie die Flamme selbst.

Beschreibe den Zusammenhang von Bildgröße und Abständen, indem du folgende Sätze ergänzt:
„Je größer der Abstand zwischen Gegenstand und Linse ist, …"
„Je kleiner der Abstand zwischen Gegenstand und Linse ist, …"

2. Wenn du die Kerze zu nahe an die Sammellinse rückst, dann siehst du kein Bild. Finde eine Erklärung.

Untersuchungen mit Magneten

1. Halte einen Stabmagneten in eine Kiste mit Eisennägeln und hebe den Magneten vorsichtig an. Beschreibe deine Beobachtungen.

2. Untersuche, in welchem Abstand eine Büroklammer von einem Stabmagneten merklich angezogen wird.

3. Untersuche, welche Gegenstände von einem Magneten angezogen werden und welche nicht.

   a) Prüfe die Gegenstände rechts. Lege eine Tabelle an.
   b) Bringe den Magneten in die Nähe von beiden Enden eines anderen Magneten.
   c) Dehne die Untersuchung auf Einzelteile deines Fahrrads aus.

   Aus welchen Stoffen bestehen die Gegenstände, die vom Magneten angezogen werden?

Verwende Büroklammern, Nägel, Schere, Kamm, Papier, Münzen, Radiergummi, Stoff und Schrauben.

4. Was passiert, wenn sich zwei gleiche und zwei ungleiche Pole gegenüberstehen?

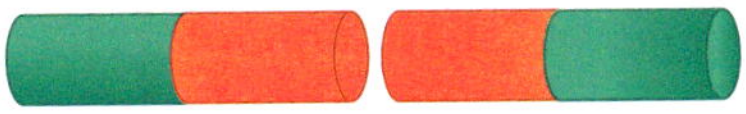

Beobachten und Beschreiben

Ein Forscher macht seine Experimente nicht, um sich selbst zu beschäftigen. Wie muss er vorgehen, damit auch andere Nutzen von seiner Arbeit haben?

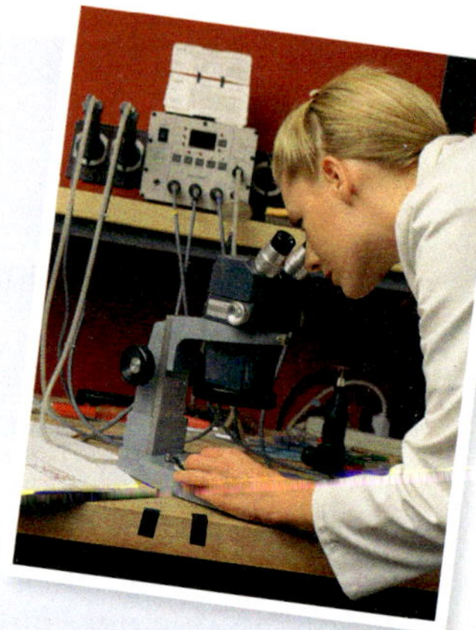

Genaues **Beobachten** ist auch im Straßenverkehr oder bei der Beschäftigung mit Tieren von Bedeutung.
In der Physik geht es vor allem darum, Erscheinungen der Natur oder Experimente zu beobachten.
So kannst du beispielsweise beobachten, wie sich im Laufe eines Tages die Stellung der Sonne am Himmel verändert. Sie geht im Osten auf, steht mittags im Süden und geht im Westen unter.

Beim Beobachten können auch Hilfsmittel genutzt werden, z. B. eine Lupe, ein Mikroskop oder ein Fernglas.
Selbst bei diesem indirekten Beobachten spielen unsere Sinnesorgane die entscheidende Rolle.
Häufig ist das Beobachten mit dem Beschreiben verbunden, etwa wenn du einem Mitschüler sagen willst, was du beobachtet hast.
Beschreiben kann man Naturerscheinungen, Experimente, Geräte oder den Ablauf eines Vorgangs. Das kann mündlich oder schriftlich geschehen.

Beispiel: Ein einfaches Experiment ist unten dargestellt. Du kannst es über dem Waschbecken oder der Badewanne auch selbst ausprobieren.
Beschreibe den Ablauf dieses Experiments!
Ein Glas wird randvoll mit Wasser gefüllt. Anschließend wird eine Karteikarte so aufgelegt, dass keine Luft zwischen Karteikarte und Wasser gelangt. Dann wird die Karteikarte mit einer Hand festgehalten und das Glas vorsichtig umgedreht. Die Karteikarte befindet sich dann unten. Wenn man die Hand wegnimmt, dann fällt die Karteikarte nicht ab und damit fließt auch kein Wasser aus dem Glas. Die Beantwortung der Frage, warum das Wasser nicht ausfließt, gehört nicht zu der Beschreibung.

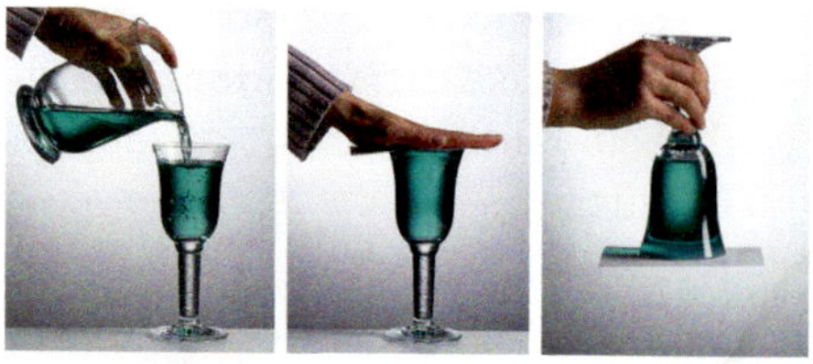

Mit einem Glas voll angefärbtem Wasser kann man ein interessantes Experiment durchführen.

So kannst du vorgehen

Beobachten einer Erscheinung

Beim Beobachten nimmst du Erscheinungen aus der Natur oder dem Alltag gezielt wahr.
Beobachtungen werden oft bei Experimenten angestellt. Sie regen aber auch zu neuen Experimenten an. Zufällige Beobachtungen waren in der Geschichte häufig der Anlass für neue Entdeckungen oder Erfindungen.

▶ Schritt 1

Erfasse die Beobachtungsaufgabe.

Achte z. B. auf ungewöhnliche Erscheinungen, auf Veränderungen während eines Vorgangs oder auf Wirkungen, die du nicht erwartet hast.

Beim Betrachten von Urlaubsfotos fällt dir etwas Ungewöhnliches auf: Der Kopf des Unterwasserfotografen erscheint an der Wasseroberfläche sonderbar „geteilt“. Unter welchen Bedingungen ist das zu beobachten?

▶ Schritt 2

Wähle Merkmale und Eigenschaften entsprechend der Aufgabe aus.

Überlege, welche konkreten Merkmale oder Eigenschaften du beobachten möchtest. Wie kannst du am besten nur auf diese Eigenschaften achten?

Farben, Landschaft, Wetter, Ort, Uhrzeit usw. interessieren bei der Beobachtung nicht, nur der Kopf des Fotografen.

▶ Schritt 3

Wähle Beobachtungsmittel aus.

Das Beobachten geschieht meist mit den Augen, aber auch mit anderen Sinnesorganen. Manchmal erleichtern Hilfsmittel deine Beobachtung, z. B. Lineal, Lupe oder Uhr.

Vermische Beobachtungen nicht mit Vermutungen oder Erklärungen.

Die Beobachtung erfolgt mit bloßem Auge. Hilfsmittel sind nicht nötig.

▶ Schritt 4

Beobachte gezielt und protokolliere.

Zusätzlich zur „Teilung“ des Kopfs ist auch eine Vergrößerung des Teils zu erkennen, der sich unter Wasser befindet.

▶ Schritt 5

Stelle die Ergebnisse dar.

Gib nur das wieder, was du wirklich beobachtet hast. Häufig eignen sich Beschreibungen, aber auch Skizzen und Tabellen.

Das hast du gelernt

Die Naturwissenschaft Physik und ihre Arbeitsweisen

Physik beschäftigt sich mit Erscheinungen und Gesetzen in unserer natürlichen Umwelt.

Physik ist eine wichtige Grundlage der Technik und unseres täglichen Lebens.

Wichtige Tätigkeiten sind das **Beobachten**, das **Beschreiben**, das **Messen** und das **Experimentieren.** Zur Beschreibung und Erklärung von Vorgängen nutzt man unterschiedliche Modelle.

Arbeitsweisen in der Physik

Genaues Beobachten von Erscheinungen
Beobachtungen erfolgen mit den Sinnesorganen und mit Hilfsmitteln (Lupe, Mikroskop, Fernglas).

Messen physikalischer Größen wie Länge, Temperatur, Zeit
Zum Messen werden Messgeräte genutzt.

Schaffen und Nutzen von Modellen
Modelle eignen sich zum Beschreiben und Erklären von Erscheinungen und Vorgängen

Exaktes Beschreiben von Gegenständen, Geräten, Erscheinungen
Beschreiben kann mündlich oder schriftlich, in Worten oder Skizzen erfolgen.

Experimentieren und damit systematisches Untersuchen von Zusammenhängen
Experimentieren ist eine komplexe Tätigkeit.

Löse mit Köpfchen

1. Tanzende Papierschnipsel

Reibe einen Plastikkamm an Stoff und halte ihn über einige kleine Papierschnitzel. Beobachte und beschreibe.

2. Die magische Flasche

Lege auf eine Flasche ein vorher angefeuchtetes Geldstück, sodass die Flasche abgedichtet ist. Erwärme dann die Flasche mit den Händen.

Was kannst du beobachten? Beschreibe.

3. Eine geneigte Ebene

Die auf dem Foto abgebildete Anordnung wird in der Physik als eine geneigte Ebene bezeichnet.

a) Wofür könnte eine solche geneigte Ebene ein Modell sein?

b) Was könntest du an einem solchen Modell untersuchen?

c) Führe eine der vorgeschlagenen Untersuchungen durch.

4. Heißluftballon

In einem Heißluftballon wird die Luft mit einem Gasbrenner erwärmt. Da warme Luft leichter als kalte Luft ist, steigt der Ballon nach oben, wenn der Brenner in Betrieb ist.

Entwickle ein Modell für einen solchen Heißluftballon. Mit diesem Modell soll verdeutlicht werden, dass ein Heißluftballon unter bestimmten Bedingungen nach oben steigt.

5. Luftströmung

Jeder weiß: Wind kann stärker oder schwächer sein. Manchmal ist auch gar kein Wind vorhanden.

a) Erkunde, wie Wind entsteht.

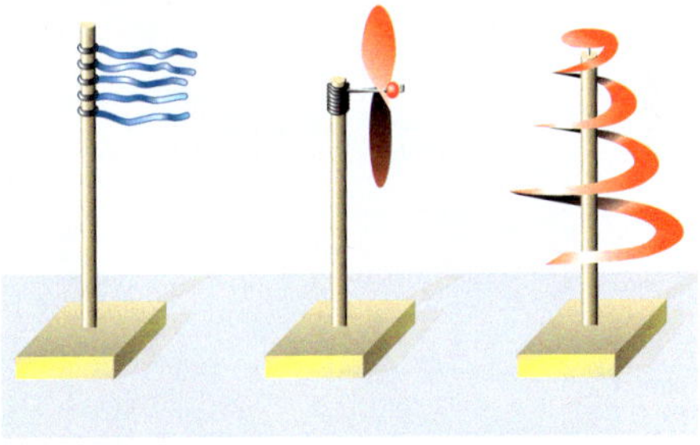

b) Baue dir aus einer Stricknadel oder stabilem Draht und aus Papier eine Papierspirale. Weise damit nach, dass die warme Luft über einer Heizung oder über einer Kerzenflamme nach oben steigt. Achtung: Beim Umgang mit einer Kerzenflamme besteht Brandgefahr.

2 Vom Licht

1 **Was kann man sehen?**
Woran liegt es, dass wir manche Dinge sehen können und andere nicht?
Stelle eine Liste mit Bedingungen auf, die erfüllt sein müssen, damit du einen Gegenstand sehen kannst.

2 **Der Mond verändert sich**
Betrachte verschiedene Abbildungen vom Mond. Beschreibe die Gemeinsamkeiten und die Unterschiede.

3 **Original und Kopie**
Zeichnet Schattenbilder von euch. Worauf müsst ihr achten, damit das Gesicht gut zu erkennen ist?

4

Experte gesucht
Sehfehler lassen sich beheben. Interviewt einen Optiker.
Wozu braucht er Physik?

Lichtquellen und beleuchtete Körper

Nur Passanten, die euch im Dunkeln entgegenkommen, sehen das Licht einer Taschenlampe. Diejenigen hinter euch sehen es nicht. Zieht Schlüsse für euer Verhalten im Straßenverkehr.

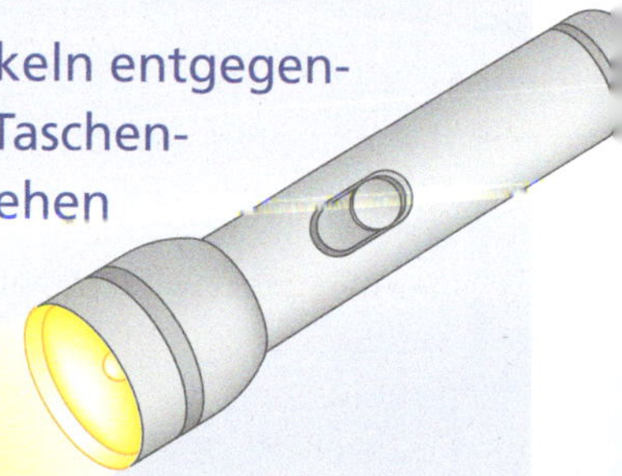

Verkehrsteilnehmer kannst du nur sehen, wenn von ihnen Licht in deine Augen fällt. Scheinwerfer senden selbst Licht aus, Rückstrahler nicht. Körper, die selbst Licht aussenden, heißen **Lichtquellen.**

Die meisten Lichtquellen wie die Sonne oder eine Kerzenflamme sind glühende Körper. Sie haben eine hohe Temperatur. Es gibt aber auch Körper, die bei normaler Temperatur Licht aussenden, z. B. einige Tiefseefische oder der Bildschirm eines Computers.

Die meisten Körper, die du siehst, senden selbst kein Licht aus. Sie werfen nur das Licht zurück, das auf sie auftrifft. Physiker sagen: Sie reflektieren bzw. streuen Licht.

Körper, die auftreffendes Licht zurückwerfen, heißen **beleuchtete Körper.**

Das Licht breitet sich nach allen Seiten **geradlinig** aus. Den Lichtweg kannst du durch **Lichtstrahlen** veranschaulichen. Lichtstrahlen sind ein **Modell,** eine Vereinfachung der Wirklichkeit.

Erforsche es

Welchen Weg nimmt das Licht?

Beobachte das Licht einer Taschenlampe in einem verdunkelten Raum durch einen Schlauch, den du unterschiedlich biegst.

a) Was beobachtest du?
b) Deute deine Beobachtungen. Bei welcher Schlauchform siehst du das Licht der Taschenlampe?
c) Finde eine Erklärung.

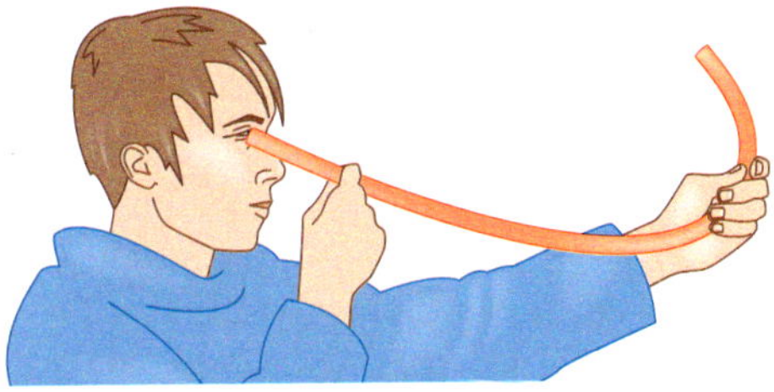

d) Nun kannst du erklären, warum Passanten, die hinter dir gehen, das Taschenlampenlicht nicht sehen können.

Licht breitet sich geradlinig aus. Der Weg des Lichts kann mit Lichtstrahlen veranschaulicht werden. Lichtstrahlen sind ein Modell.

Das Licht breitet sich mit sehr großer **Geschwindigkeit** aus. Es legt in einer Sekunde einen Weg von etwa 300 000 Kilometern zurück. Von der Sonne bis zur Erde benötigt es acht Minuten. Wie kommt aber das Sonnenlicht auf der Erde an?
Viele Kinder zeichnen Sonnenstrahlen so wie in der Abbildung oder ähnlich: Die Sonnenstrahlen gehen nach allen Seiten weg.

Obwohl die Sonne Licht in alle Richtungen abstrahlt, trifft es näherungsweise aus einer Richtung auf die Erde.

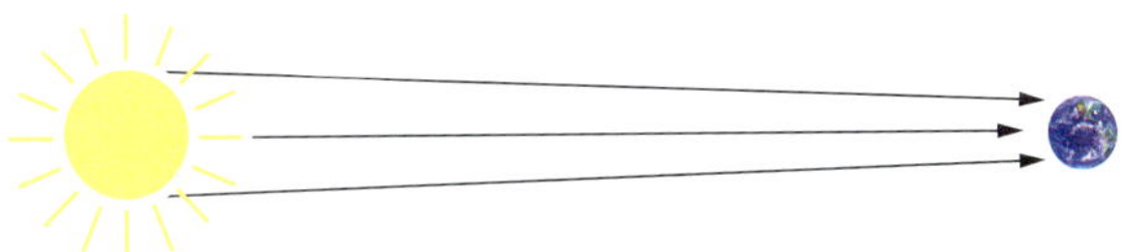

Maßstabsgerecht wäre die Erde viel weiter rechts und viel kleiner zu zeichnen.

Das liegt an der großen Entfernung zwischen Sonne und Erde. Sie beträgt etwa 149 600 000 km.
Der Abstand der Sonne von der Erde ist sehr viel größer als die Durchmesser von Sonne und Erde.
Das bedeutet: Das Sonnenlicht, das auf die Erde fällt, kann für viele Zwecke durch Lichtstrahlen dargestellt werden, die **parallel verlaufen.**

Aufgaben

1 In einem Zimmer ist es am Tage auch dann hell, wenn keine Lampe angeschaltet ist und die Sonne nicht direkt in das Zimmer scheint. Wie ist das zu erklären?

2 Schüttle in einem abgedunkelten Raum einen staubigen Lappen vor einer eingeschalteten Lampe. Beschreibe deine Beobachtung.
↗ S. 56

So kannst du vorgehen

Lesen und Auswerten von Texten

Wenn du ein spannendes Buch liest, im Internet surfst oder die Gebrauchsanleitung für dein neues Handy verstehen willst, musst du Texte lesen und verstehen.
Bei Texten in Lehrbüchern oder in Nachschlagewerken geht es ebenfalls darum, wichtige Inhalte zu erfassen.

Damit du diese Inhalt besser verstehst und längere Zeit im Gedächtnis behältst, gehe beim Lesen und Auswerten von Texten schrittweise vor.

▶ Schritt 1

Erfasse die Aufgabe.
Lies die Aufgabe genau durch. Wenn du sie nicht richtig verstanden hast, frage noch einmal nach.

Aufgabe:
Erarbeite mithilfe des Textes einen historischen Überblick über Lichtquellen in Natur und Technik.

▶ Schritt 2

Erfasse den Hauptinhalt des Textes.
Lies den ganzen Text durch, damit du einen Überblick erhältst. Unterstreiche alle Wörter, die du nicht kennst. Kläre die unbekannten Wörter mithilfe des Registers im Lehrbuch oder mithilfe anderer Quellen.
Hinweis: Gehört das Lehrbuch nicht dir, arbeite mit einer Kopie.

▶ Schritt 3

Arbeite den Text gründlich durch.
Lies den Text jetzt gründlich durch. Kennzeichne Wörter, die dir wichtig erscheinen, mit einem Marker.

Vom Holzfeuer zur Leuchtdiode

In Natur und Technik gibt es sehr unterschiedliche Lichtquellen. Die wichtigste Lichtquelle ist unsere Sonne. Sie ist nicht nur Lichtquelle, sondern auch eine Wärmequelle. Ohne Sonnenstrahlung hätte kein Leben auf der Erde entstehen können. Die Entwicklung von Pflanzen, Tieren und Menschen ist untrennbar mit dem Vorhandensein von Sonnenstrahlung verbunden.
Auch die Sterne, die wir nachts am Himmel sehen, sind Lichtquellen. Der Mond und alle Planeten dagegen sind beleuchtete Körper. Sie reflektieren das Licht, das von der Sonne kommt.
Schon von alters her nutzen Menschen verschiedene Lichtquellen. Holzfeuer (Abb. 1a) sind wahrscheinlich die ersten Lichtquellen, die von Menschen verwendet wurden.

Bereits in der Steinzeit wurden auch Fackeln und Kienspäne genutzt. Kienspäne sind Holzscheite aus harzdurchtränktem Kiefernholz.
Schon im Altertum waren Öllampen (Abb. 1b) bekannt.
Viele Jahrhunderte lang waren Wachskerzen eine wichtige Lichtquelle.

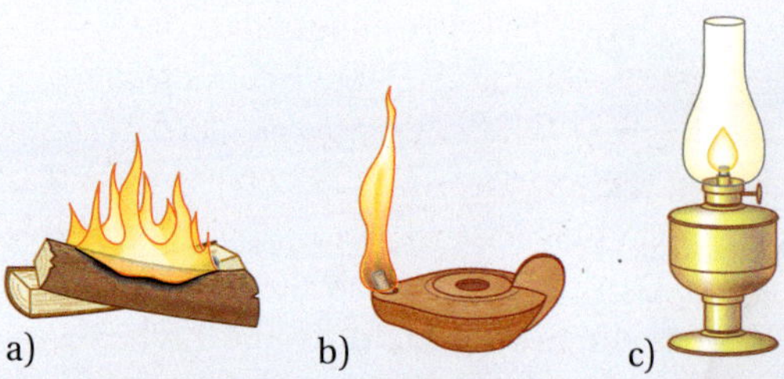

a) b) c)

1 Historische Lichtquellen, die die Menschen im Verlauf der Geschichte nutzten

▸ Schritt 4

Erkenne die inhaltliche Gliederung.

Formuliere für jeden Abschnitt des Textes eine inhaltliche Überschrift. Schreibe diese Überschrift an den Rand des Abschnitts.
Schau dir die Abbildungen zum Text an. Welche Beziehungen zwischen Text und Abbildungen gibt es? Stelle Fragen an den Text und versuche, sie zu beantworten.

▸ Schritt 5

Fasse Wesentliches zusammen.

Lies den Text erneut gründlich durch. Formuliere wichtige Inhalte des Textes in einer Zusammenfassung, besonders, wenn es ein längerer Text ist.
Vergleiche deine Zusammenfassung mit der Aufgabe. Hast du alles berücksichtigt? Präge dir das Wichtigste ein.

Fragen, die mithilfe des Textes beantwortet werden können

- Welche Lichtquellen werden genannt?
- Mit welcher Erfindung begann der Siegeszug der elektrischen Beleuchtung?
- Warum entwickeln Techniker immer neue Lichtquellen?

Fragen, die noch offen sind und nachgeschlagen werden müssen

- Welche geschichtliche Etappe heißt Steinzeit, welche Altertum?
- Wichtige Lebensdaten und Erfindungen von EDISON.
- Welche Eigenschaften haben Energiesparlampen, Leuchtstofflampen, Leuchtdioden und Halogenlampen?

Ein entscheidender Fortschritt war im 19. Jahrhundert die Entwicklung von Gaslampen, die vor allem der Straßenbeleuchtung dienten.
In vielen Haushalten war bis zu Beginn des 20. Jahrhunderts die Petroleumlampe (Abb. 1c) die wichtigste Lichtquelle.

Der Siegeszug der elektrischen Beleuchtung begann etwa 1880 mit der Entwicklung der ersten brauchbaren **Glühlampen** durch den amerikanischen Erfinder THOMAS ALVA EDISON (1847 bis 1931). Die Glühlampen kamen zunächst in Hotels und wohlhabenden Familien zur Anwendung.
Bei einer Glühlampe wird aber nur ein kleiner Teil der elektrischen Energie in Licht umgewandelt. Deshalb bemühten und bemühen sich viele Techniker, Lichtquellen zu entwickeln, die bei gleicher Lichtausbeute weniger Energie benötigen. Ergebnis dieser Entwicklung sind **Leuchtstofflampen, Leuchtdioden** (Abb. 2) und **Halogenlampen.** Weitere Hinweise zu Lichtquellen sind im Internet unter Suchwörtern wie Lichtquelle, Glühlampe, Energiesparlampe oder LED zu finden.

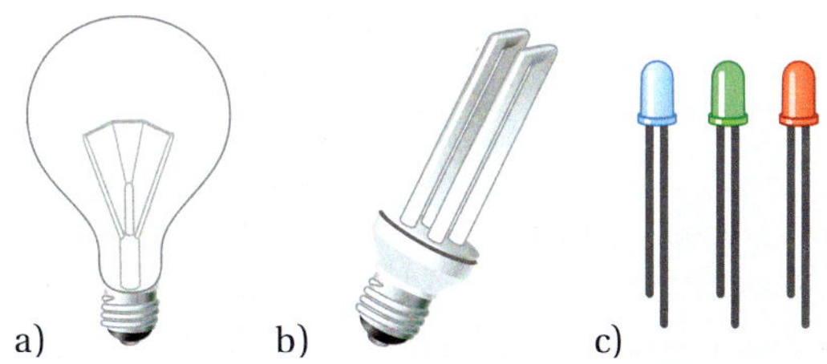

2 Energiesparlampen (b) und Leuchtdioden (c) benötigen weniger Energie als Glühlampen (a).

Vom Sehen

Und welche Meinung hast du?

Schon lange haben sich Menschen darüber Gedanken gemacht, warum wir ohne Licht nichts sehen. In einem sehr dunklen Raum erkennen wir nur Grautöne. Und bei Licht sehen wir verschiedenfarbige Gegenstände.

PYTHAGORAS (ca. 570–840 v. Chr.) und andere griechische Philosophen nahmen an, dass von unseren Augen Sehstrahlen ausgehen. Man verglich diese Sehstrahlen mit Händen, die die Gegenstände abtasten und sie dadurch sichtbar machen.

Im Altertum verglich man das Sehen mit dem Fühlen.

Auch PTOLEMÄUS (ca. 100–160) ging von Sehstrahlen aus. Außerdem nahm er an, dass von den Gegenständen Lichtstrahlen ausgehen.

Erst viel später setzte sich die Auffassung durch, dass wir einen Gegenstand nur dann sehen, wenn Licht von ihm in unsere Augen gelangt.

- Augen sind Lichtempfänger.

- Welche Bedeutung hat das für die Sicherheit im Straßenverkehr?

Erforsche es

Lichtdurchlässigkeit von Stoffen

Untersuche die Lichtdurchlässigkeit von verschiedenen Stoffen, z. B. Luft, Glas, Papier, Plastikfolie, Wasser.

a) Baue die Anordnung wie in der Abbildung unten auf der gegenüberliegenden Seite auf.

b) Halte verschiedene Stoffe zwischen Lichtquelle und Auge.

Verändere auch die Schichtdicke der Stoffe.

c) Erfasse deine Beobachtungen in einer Tabelle.

Stoff	Sichtbarkeit der Lichtquelle
Luft	sehr gut
Papier (1 Blatt)	...
Glas (5 mm)	
...	

d) Werte deine Beobachtungen aus. Ordne die Stoffe nach ihrer Lichtdurchlässigkeit von sehr gut bis nicht durchlässig.

Die meisten Materialien werfen das Licht, das auf sie fällt, in verschiedene Richtungen zurück. Sie **streuen** das Licht. Glatt polierte Oberflächen werfen das Licht in eine bestimmte Richtung zurück, sie **reflektieren** es.
Einige Materialien werfen einen Teil des Lichts zurück, den Rest nehmen sie auf. Sie **absorbieren** das Licht.

Auch die **Lichtdurchlässigkeit** hängt vom Material ab, besonders aber von der Schichtdicke. Nur wenige Körper lassen Licht durch, z. B. Fensterglas.

- Licht kann von Körpern absorbiert, gestreut, reflektiert oder durchgelassen werden.

Lichtausbreitung	
Licht wird absorbiert.	
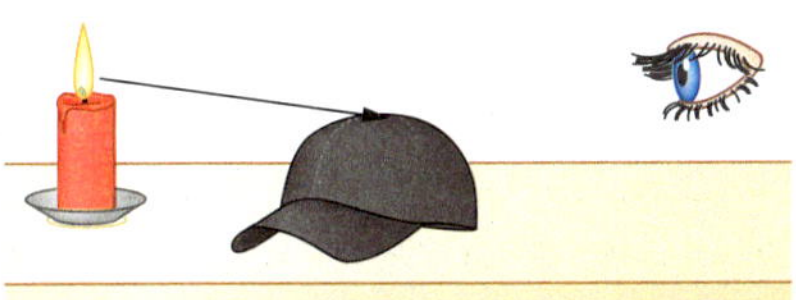	Dunkle und raue Körper absorbieren besonders viel Licht. Deshalb erwärmen sie sich im Sonnenlicht schneller als helle Körper. Das absorbierte Licht kann nicht mehr in deine Augen gelangen. Sehr dunkle Körper siehst du nur, weil sie sich von der helleren Umgebung abheben.
Licht wird gestreut.	
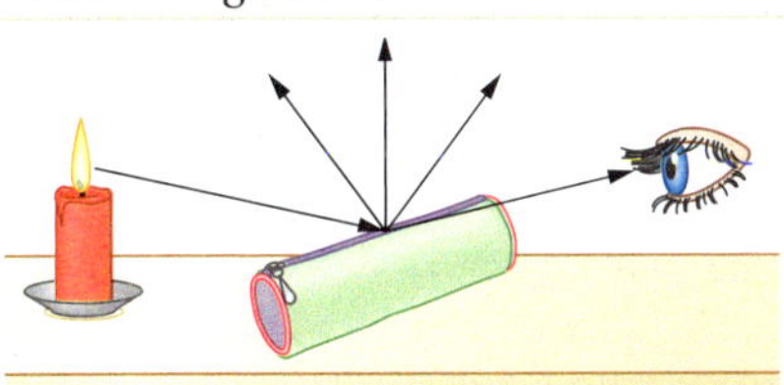	Die meisten Körper siehst du, weil sie das Licht in verschiedene Richtungen streuen. Die Körper haben meist raue Oberflächen, auch wenn sie glatt aussehen. Deshalb siehst du die meisten Körper aus verschiedenen Richtungen. Beispiele sind Pappe, Wände oder die Blätter eines Baums.
Licht wird reflektiert.	
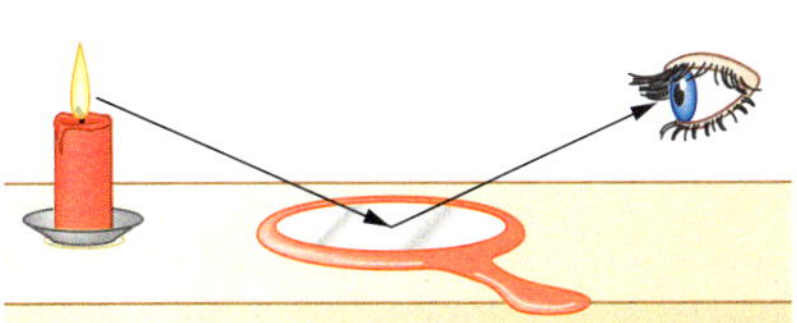	Wenn die Oberfläche eines Körpers genügend glatt ist, dann wirft er das Licht in eine bestimmte Richtung zurück. Eine Glasscheibe ist so glatt, dass durch Aufdampfen von Metall ein ebener Spiegel entsteht. Wenn die spiegelnde Fläche nicht zu groß ist, kannst du die Lichtquelle nur aus einer bestimmten Richtung sehen.
Licht wird durchgelassen.	
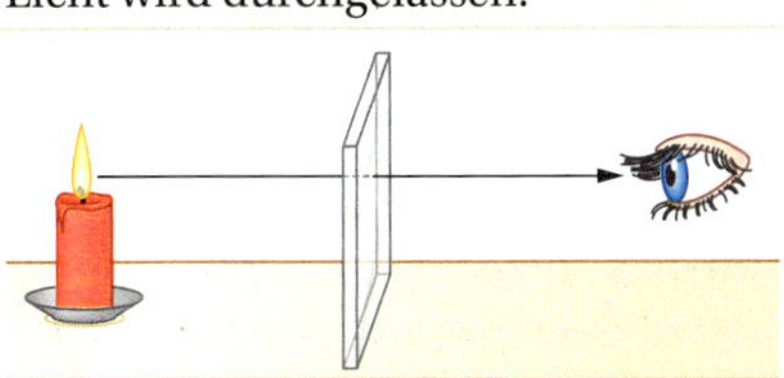	Wie viel Licht von einem Körper durchgelassen wird, hängt von seinem Material und seiner Schichtdicke ab: So kannst du eine Lichtquelle durch ein Blatt Papier sehen, aber nicht durch ein ganzes Buch. Selbst Metalle kann man so dünn auswalzen, dass Licht durchgelassen wird. Sehr dicke Wasserschichten lassen dagegen kaum Licht durch.

Zerlegung von weißem Licht

Aus weißem Licht wird farbiges. Wie kommt das?

Weißes Licht wird durch ein Prisma in Spektralfarben zerlegt.

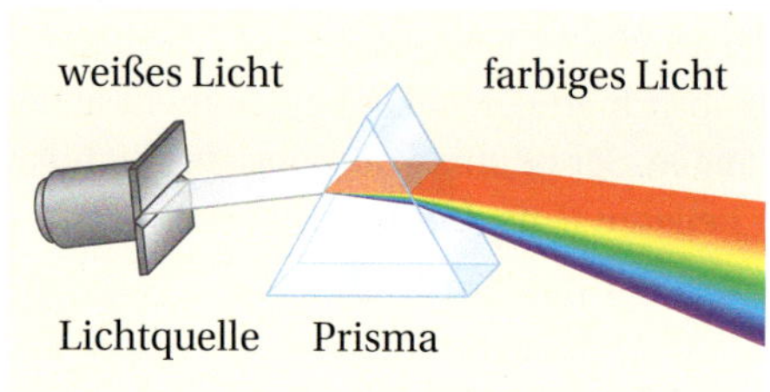

1 Benenne die Reihenfolge der Farben bei der Zerlegung des weißen Lichts.

Einfarbiges Licht kann nicht weiter zerlegt werden.

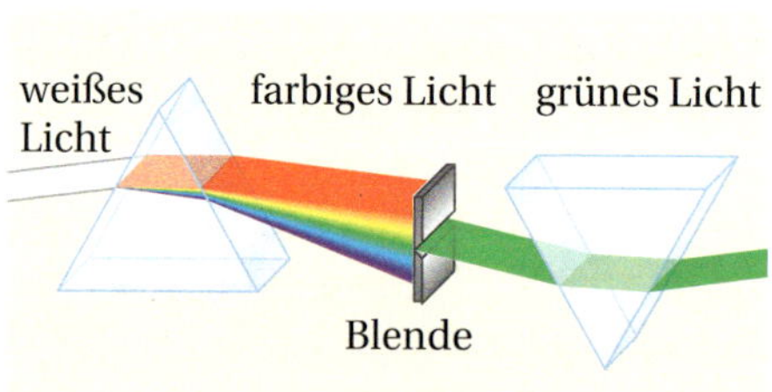

2 Woran erkennst du, dass das Grün nicht weiter zerlegt werden kann?

Die Vereinigung aller Spektralfarben ergibt Weiß.

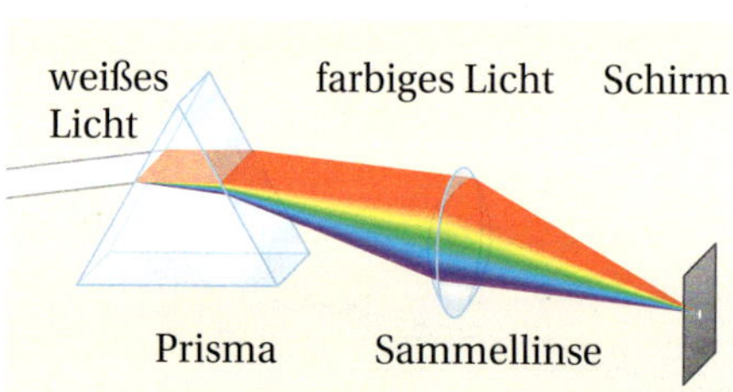

3 Beschreibe die Abbildung. Wozu dient die Sammellinse?

Die Sonne und Halogenlampen senden weißes Licht aus. Wenn du ein schmales Lichtbündel einer Halogenlampe auf ein Prisma lenkst, beobachtest du hinter dem Prisma ein prächtiges Farbband. Es entsteht bei der Auffächerung des weißen Lichts und heißt **Spektrum.**
Die Farben, die du am intensivsten wahrnimmst, heißen **Spektralfarben.** Die Einteilung in sechs Farben ist willkürlich, aber sinnvoll.

> Weißes Licht besteht aus Licht der Spektralfarben Rot, Orange, Gelb, Grün, Blau und Violett. Das farbige Licht wird unterschiedlich stark gebrochen.

Violettes Licht wird am stärksten gebrochen, rotes Licht am wenigsten.

Aufgabe

Betrachte durch ein Prisma eine Glühlampe, die einige Meter entfernt leuchtet. Benutze dann eine Energiesparlampe. Beschreibe deine Beobachtungen und stelle Vergleiche an.

So kannst du vorgehen

Erklären

Ein Regenbogen fasziniert immer wieder von Neuem. Seine Farben treten wie bei einem Prisma immer in der gleichen Reihenfolge auf.
Du kannst einen Regenbogen nur dann sehen, wenn du auf eine weit entfernte Regenwand blickst und die tief stehende Sonne im Rücken hast.

Wenn du wissen möchtest, **warum** etwas geschieht oder in bestimmter Weise abläuft, ist eine **Erklärung** gefragt.
Beim Erklären wird ein Sachverhalt auf Gesetze zurückgeführt. Es wird dargestellt, wie das Gesetz wirkt. Auch Modelle werden zum Erklären genutzt.

Erkläre, wie die Reihenfolge der Farben bei einem Regenbogen zustande kommt.

► Schritt 1

Nenne den Sachverhalt, der erklärt werden soll.

Bei einem Regenbogen ist die Reihenfolge der Farben immer gleich.

► Schritt 2

Suche Gesetze und Modelle auf.

Das Sonnenlicht, das auf einen Regentropfen fällt, wird beim Übergang von Luft zu Wasser und beim Übergang von Wasser zu Luft gebrochen.

► Schritt 3

Führe den Sachverhalt auf Gesetze oder Modelle zurück.

Zeige, dass diese Gesetze oder Modelle in dem Sachverhalt wirken, den du erklären sollst.

Gelangt Sonnenlicht in einen kugelförmigen Wassertropfen, dann geschieht Ähnliches wie bei einem Prisma und einer Linse: Das blaue Licht wird beim Übergang von Luft zu Wasser stärker gebrochen als das rote Licht.

Der größte Teil des Lichts tritt an der Rückseite des Tropfens wieder aus. Ein kleinerer Teil wird reflektiert und beim Übergang von Wasser zu Luft noch einmal gebrochen.

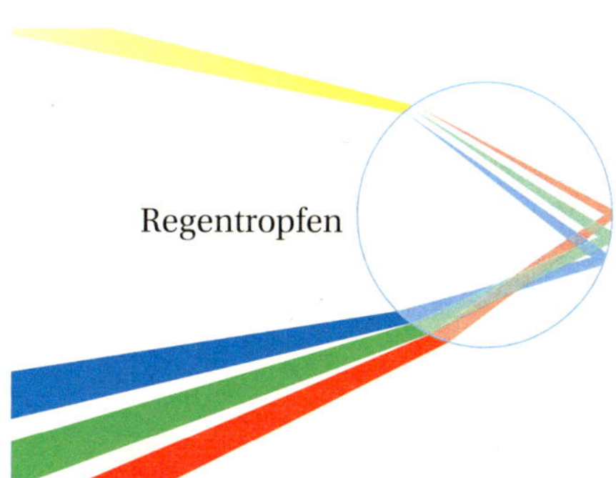

Reflexion von Licht

Welchen Weg nimmt das Licht, wenn wir etwas im Spiegel sehen?

Erforsche es

Untersucht in Partnerarbeit, welchen Weg das Licht nimmt, wenn es auf einen Taschenspiegel trifft.

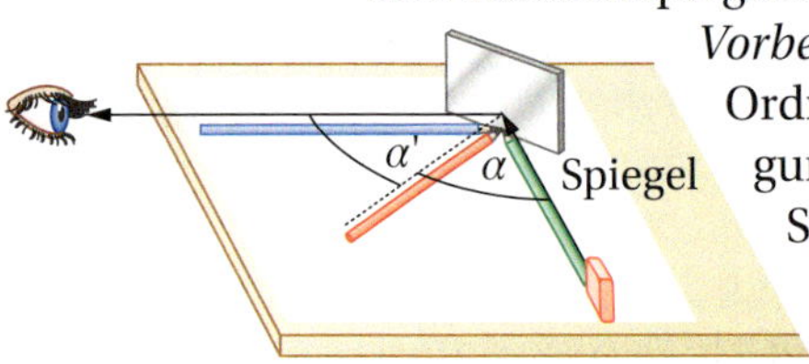

Vorbereitung:
Ordnet einen Radiergummi und einen Spiegel auf einem Blatt Papier an (↗ Abb.).

Durchführung:

a) Einer von euch schließt ein Auge und bewegt den Kopf, bis er den Radiergummi im Taschenspiegel sehen kann. Während er stillhält, legt der Partner einen Bleistift vom Radiergummi zum Spiegel und einen zweiten vom Spiegel zum Auge.

b) Messt beide Winkel. Wiederholt das Experiment für verschiedene Positionen des Radiergummis.

c) Fertigt eine Messwertetabelle mit den Winkeln α und α' an.

Auswertung:
Wie hängen die beiden Winkel α und α' zusammen?

Wenn Licht auf eine sehr glatte Oberfläche wie einen Taschenspiegel trifft, wird es reflektiert.
Der Einfallswinkel α und der Reflexionswinkel α', die der einfallende Strahl und der reflektierte Strahl mit dem Einfallslot bilden, sind dabei annähernd gleich. Für die Reflexion von Licht gilt das **Reflexionsgesetz.**

Wird Licht an einer Fläche reflektiert, so ist der Einfallswinkel α gleich dem Reflexionswinkel α':

$$\alpha = \alpha'$$

Dabei liegen einfallender Strahl, Einfallslot und reflektierter Strahl in einer Ebene.

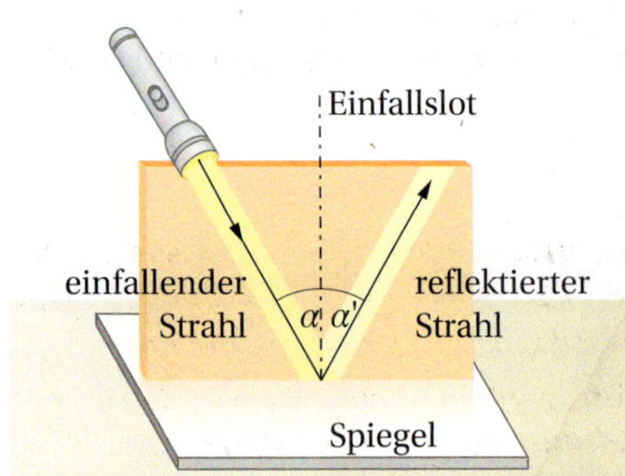

So kannst du vorgehen

Bewerten

Oftmals wirst du aufgefordert, einen Gegenstand oder Sachverhalt zu bewerten. Entweder sollst du den Wahrheitsgehalt einschätzen oder dir einen eigenen Standpunkt erarbeiten bzw. gegenteilige Argumente gegenüberstellen und abwägen.
Immer ist deine persönliche Meinung gefordert. Begründe sie sachlich.

Ein Schulranzen soll gekauft werden. Wovon würdest du eine Kaufentscheidung abhängig machen? Bewerte Modelle nach selbst gewählten Kriterien.

► Schritt 1

Präzisiere die Anforderung.
Überlege dir, welcher Sachverhalt bewertet werden soll. Welches Fachwissen wird davon berührt?

► Schritt 2

Stelle Fachwissen bereit.
Unterscheide zwischen Fachwissen, das du bereits erworben hast (z. B. Reflexion), und Fakten, die du recherchieren musst (z. B. Gesundheitsvorschriften).

► Schritt 3

Sammle Material.
Sammle Fakten und Argumente, die für die Bewertung des Sachverhalts wichtig sind (z. B. positive und negative Aspekte; Argumente, die für oder gegen den Wahrheitsgehalt sprechen bzw. Pro und Kontra verdeutlichen).

In Deutschland wird z. B. in der DIN 58124 gefordert, dass mindestens 20 % der Oberfläche in einer Signalfarbe (Orange-Rot oder Gelb) gestaltet sind. 10 % der Oberfläche müssen aus reflektierendem Material bestehen.

Schulranzen, die diese Kriterien nicht erfüllen, werden als mangelhaft eingestuft.

► Schritt 4

Finde Bewertungskriterien.
Geeignete Kriterien sind z. B.:
- *gute Sichtbarkeit, Schonung des Rückens (geringe Masse, guter Sitz),*
- *verwendetes Material (enthaltene Chemikalien, Stabilität),*
- *Design, praktische Aufteilung der Taschen, Marke.*

Auch die Kosten spielen eine Rolle.

► Schritt 5

Leite ein Werturteil ab.
Wende deine Kriterien an und formuliere dein begründetes Werturteil.

Vergleicht eure Kriterien und bewertet verschiedene Schultaschen.

Erforsche es

Sehen und gesehen werden

Sehen und gesehen werden ist das A und O im Straßenverkehr. Das gilt für alle Teilnehmer am Straßenverkehr.

1. Untersucht, welche Kleidung bei Dunkelheit am besten sichtbar ist.
   a) Vergleicht in der Gruppe eure Kleidung.
   b) Stellt Vermutungen auf, welche Kleidungsstücke im Dunkeln am besten wahrgenommen werden können.
   c) Überprüft eure Vermutungen in einem abgedunkelten Raum mithilfe einer Taschenlampe.

Kleidung, Fahrräder und Schultaschen sorgen für mehr Sicherheit, wenn sie mit **Reflektoren** ausgestattet sind.

Die Reflektoren an den Gegenständen sind im Dunkeln für Autofahrer bereits von Weitem zu sehen.
Reflektoren werfen den größten Teil des Lichts genau in die Richtung zurück, aus der es gekommen ist.

2. Warum könnt ihr die Reflektoren und die Verkehrsschilder in der Abbildung unten links im Scheinwerferlicht von Autos gut sehen, aber die Personen kaum?
   Welche Schlüsse könnt ihr daraus für die Bekleidung von Verkehrsteilnehmern ziehen?

Bereits mit zwei Spiegeln, die senkrecht aufeinanderstehen, könnt ihr zeigen: Sie reflektieren das Licht in die Richtung, aus der es gekommen ist.
Reflektoren bestehen aus vielen kleinen Spiegelflächen. Im einfachsten Fall stehen drei ebene Spiegel genau senkrecht aufeinander.

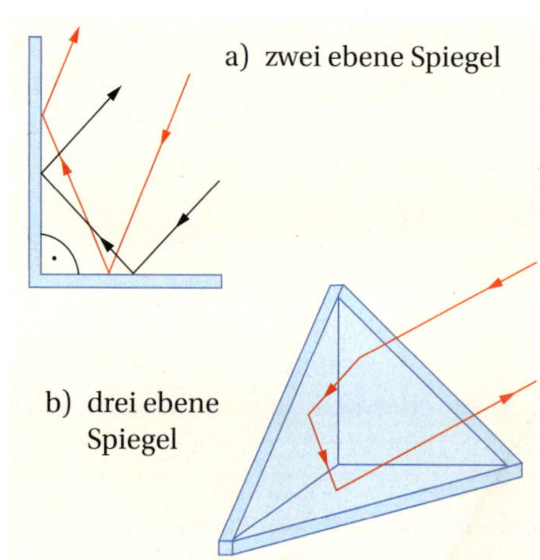

3. Erklärt anhand der Abbildung rechts auf der Seite 32, warum Reflektoren das Licht, das auf sie fällt, genau in die Richtung zurückwerfen, aus der das Licht gekommen ist.

4. Auch Auto- und Motorradfahrer müssen dafür sorgen, dass sie gut gesehen werden.
   a) Ermittelt etwa 30 Minuten lang, wie viele Verkehrsteilnehmer bei Dunkelheit
   - ohne Licht,
   - mit defekten Lampen,
   - vorschriftsmäßig beleuchtet

   an euch vorbeifahren. Unterscheidet zwischen Pkw, Lkw, Motorradfahrern und Radfahrern.
   Vorsicht: Haltet genügend Abstand zur Fahrbahn!
   b) Wertet die Untersuchungsergebnisse aus und stellt sie grafisch dar. Zieht Schlüsse.

5. Gestaltet ein Lernplakat mit dem Thema „Sehen und gesehen werden". Hängt es im Herbst gut sichtbar in eurer Schule auf. Bezieht in das Plakat auch gesetzliche Bestimmungen der Straßenverkehrsordnung mit ein.

Mobilität und Verkehr nehmen immer mehr zu. Die Länge der zurückgelegten Strecken hat sich deutlich erhöht. Pro Jahr legt jeder im Durchschnitt über 11 000 km zurück. Der Bestand an Fahrzeugen ist enorm gewachsen.

6. Die Gefahr, in einen Unfall verwickelt zu werden, ist groß.
   a) Recherchiert Ursachen für Unfälle mit Kindern im Straßenverkehr. Stellt eine Rangliste auf.
   b) Entwickelt Ideen, wie ihr einen „Kindersicherheitstag" gestalten könntet. Ladet kompetente Gesprächspartner ein.

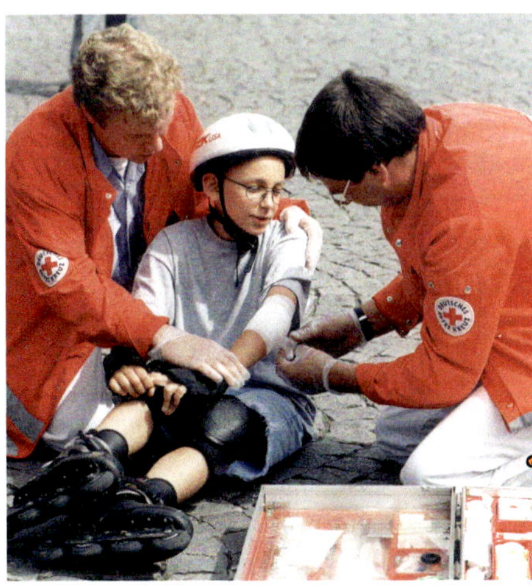

Licht und Schatten

Man kann seinem Schatten nicht davonlaufen. Jedes der Kinder hat genau einen Schatten. Ist das immer so?

Erforsche es

Wie ändert sich der Schatten eines kleinen Gegenstands, wenn du die Versuchsbedingungen änderst?

a) Ordne eine Lichtquelle, einen undurchsichtigen Körper, z. B. einen Holzbauklotz, und einen Schirm wie in der Abbildung an.

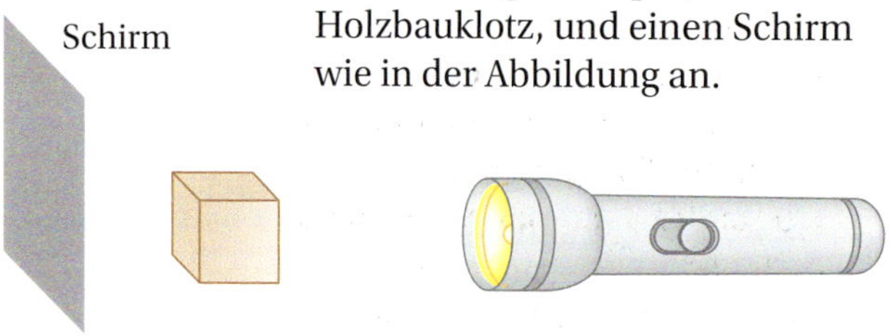

b) Rücke die Lampe näher an den Gegenstand heran. Beschreibe, wie sich dabei Schattenbreite und Schattenhöhe verändern.

c) Rücke die Lampe weiter vom Gegenstand ab. Beschreibe wieder die Änderung der Schattenbreite und der Schattenhöhe.

d) Formuliere das Ergebnis des Versuchs so: „Je kleiner der Abstand zwischen der Lampe und dem Gegenstand ist, desto …“ „Je größer der Abstand zwischen der Lampe und …“

Wenn Licht auf undurchsichtige Körper trifft, dann gibt es hinter diesen Körpern Bereiche, in die kein Licht gelangt. Diese dunklen Bereiche heißen **Schatten.**

Bei einer fast punktförmigen Lichtquelle wie in der Abbildung unten ist dieser Schatten scharf begrenzt.

> Hinter undurchsichtigen Körpern, die beleuchtet werden, bilden sich Schatten.

Um die Begrenzung von Schatten zu zeichnen, reichen die Lichtstrahlen, die gerade noch am Hindernis vorbeigehen. Sie heißen **Randstrahlen.**

Bei einer fast punktförmigen Lichtquelle entsteht ein scharfer Schatten.

Darstellung optischer Erscheinungen

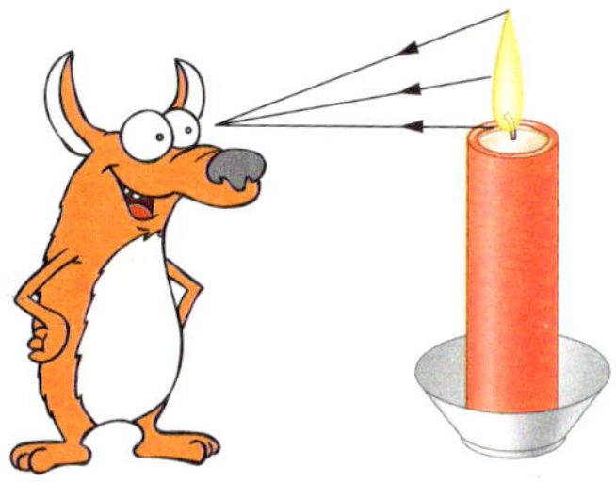

Zum Verstehen von Sehvorgängen sind nur die Strahlen wichtig, die vom Körper in unsere Augen fallen.

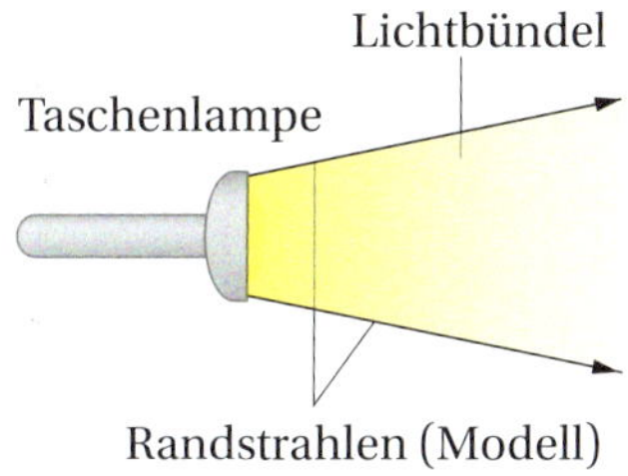

Zum Verstehen der Ausbreitung von Licht sind nur die Strahlen wichtig, die ein Lichtbündel begrenzen.

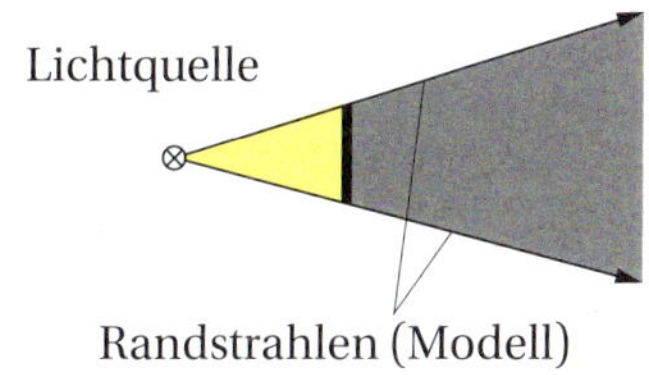

Zum Verstehen der Schattenbildung sind nur die Strahlen wichtig, die direkt am Hindernis vorbeigehen.

Um Schatten oder andere optische Erscheinungen darzustellen, reichen also einige Lichtstrahlen aus (↗ Übersicht oben).

Bereits zwei Lichtquellen erzeugen Schatten mit unterschiedlichen Helligkeiten. Sie werden **Kernschatten** und **Halbschatten** genannt.

Bei mehr als zwei Lichtquellen oder bei ausgedehnten Lichtquellen entstehen unterschiedliche Halbschatten.

Meistens sind Schatten aber nicht scharf begrenzt, weil die Lichtquellen nicht punktförmig sind.

Aufgaben

1 Erkläre die Schattenbildung hinter einem undurchsichtigen Körper mit der geradlinigen Ausbreitung des Lichts. Wiederhole, was geradlinige Lichtausbreitung bedeutet. ↗ S. 23

2 Vergleiche die Schatten der Holzfigur in den beiden Abbildungen auf dieser Doppelseite. Wodurch kommen Unterschiede zustande?

3 Worin unterscheiden sich Kernschatten und Halbschatten? Nutze die Abbildung unten.

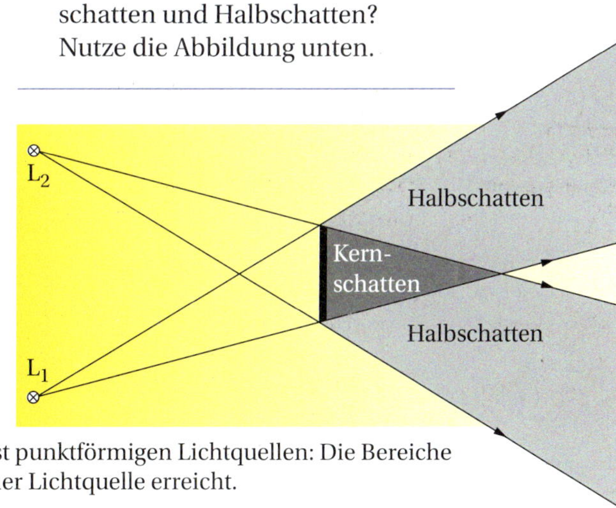

Kernschatten und Halbschatten bei zwei fast punktförmigen Lichtquellen: Die Bereiche mit Halbschatten werden nur vom Licht einer Lichtquelle erreicht.

Schattenstab und Sonnenuhr

Nicht immer sind Sonnenuhren so groß wie auf der Halde Hoheward bei Recklinghausen.
Wie kannst du an einer Sonnenuhr die Zeit ablesen?

Wie du einen Schattenstab und eine Sonnenuhr bauen kannst, erfährst du auf der Seite 37.

An einer Sonnenuhr kannst du nur dann die Zeit ablesen, wenn die Sonne scheint. Dann weist der Schatten eines Stabs in eine bestimmte Richtung und hat eine bestimmte Länge.
Ein solcher Stab heißt **Schattenstab.** Dieses einfache Instrument nutzten die Menschen schon im Altertum.
Bei Sonnenschein zeigt der Schatten bei uns mittags immer nach Norden und ist am kürzesten.

So kannst du mit einem Schattenstab den Zeitpunkt des wahren Mittags ermitteln: Das ist der Zeitpunkt, an dem die Sonne am höchsten steht.

Die Nordrichtung kannst du mithilfe von Kreisen bestimmen, die um den Stab gezeichnet werden. Markiere die Stellen mit Kreuzen, an denen die Spitze des Schattens einen der Kreise einmal am Vormittag und einmal am Nachmittag schneidet.
Die Verbindungslinie vom Stab zur Mitte zwischen den Kreuzen zeigt nach Norden.
Wenn der 8,50 m hohe Obelisk auf der Halde Hoheward seinen Schatten wirft, kannst du auf einer Skala im Pflaster die wahre Ortszeit ablesen. Bei anderen Sonnenuhren ist der Stab wie auf der Seite 37 geneigt.

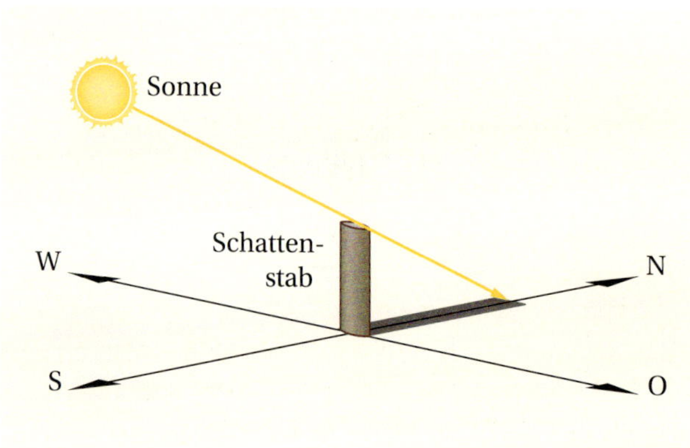

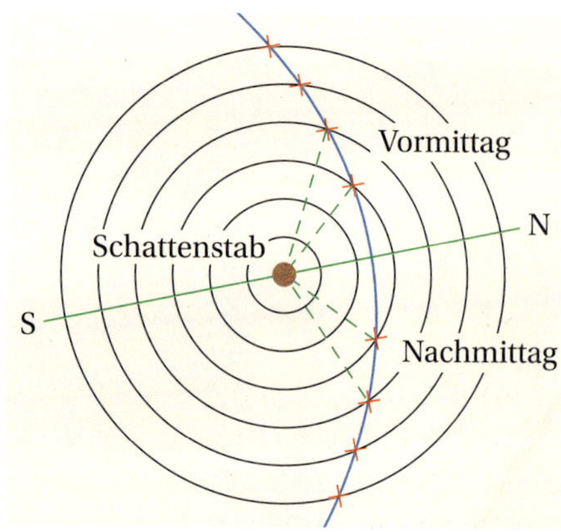

Erforsche es

Mach es wie die Sonnenuhr …

1. Baue einen Schattenstab. Bei einer Stabhöhe von 15 cm können Schattenlängen von ca. 50 cm auftreten. Du benötigst eine Grundplatte, z. B. aus Holz, einen dicken Draht, eine Schraube und ein Blatt Papier.
   a) Zeichne auf das Blatt Papier Kreise und lege es so auf die Grundplatte, dass sich der Stab im Mittelpunkt befindet.

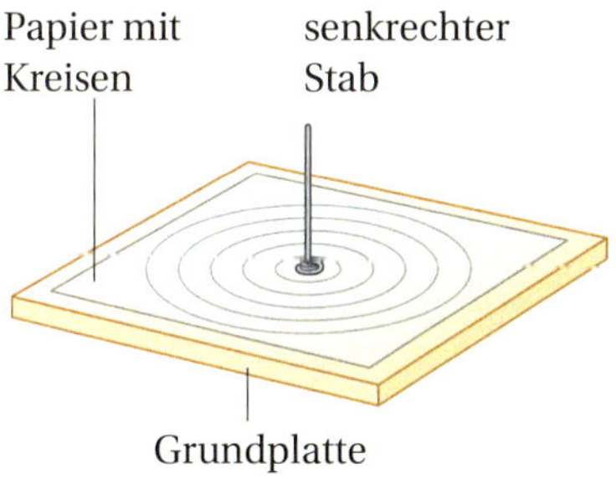

   b) Forme an einer Seite des Drahts eine kleine Öse und schraube diese auf dem Brett fest, sodass der Stab senkrecht auf dem Brett steht.

2. Bestimme mit dem Schattenstab
   - die Nord-Süd-Richtung und
   - für deinen Wohnort die genaue Mittagszeit.

   a) Beschreibe, wie du vorgegangen bist.
   b) Die genaue Zeit für den Mittag stimmt zumeist nicht mit der Uhrzeit 12 Uhr überein. Woran könnte das liegen?

3. Baut eine einfache Sonnenuhr.
   Vorbereitung:
   Erkunde die geografische Breite deines Wohnorts.
   Durchführung:
   a) Nutze die Anordnung, die du bereits als Schattenstab aufgebaut hast.
   Berücksichtige beim Aufbau vor allem den Winkel α zwischen dem Draht und der Grundplatte. Verbiege den Draht dementsprechend.

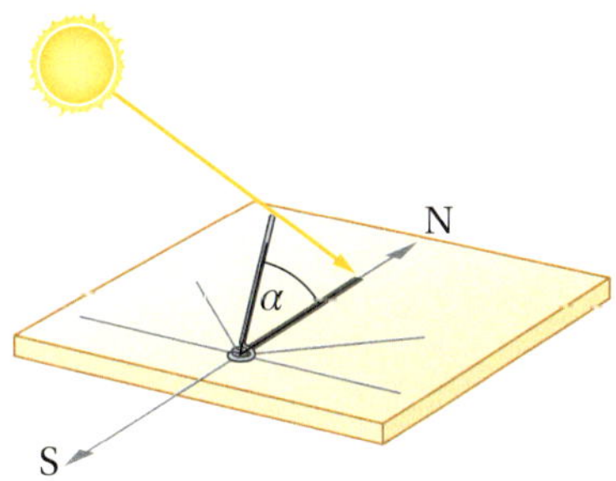

   b) Richte die Anordnung in Nord-Süd-Richtung aus.
   c) Zeichne an einem sonnigen Tag zu jeder vollen Stunde den Schatten nach und schreibe die Zeit daran.
   d) Lies an einem anderen Tag die Zeit an der Sonnenuhr ab.

4. Ägypter verwendeten bereits um 5 000 v. Chr. Sonnenuhren als Messinstrumente für die Zeit. Recherchiere im Internet, wie andere Kulturen Sonnenuhren als die ersten Zeitmessinstrumente einsetzten. Fertige einen Zeitstrahl an.

Mondphasen

Vollmond ist nur alle 29,5 Tage. Wie kommt es, dass du an den anderen Tagen den Mond in wechselnden Gestalten siehst?

Erforsche es

Der Mond ändert seine Gestalt

Beobachte die Bewegung des Monds um die Erde. Fertige ein Beobachtungsprotokoll an.

Vorbereitung:

Skizziere den Horizont wie in der Abbildung unten in Mondrichtung.

Gib markante Objekte wie hohe Bäume oder Gebäude an.

Durchführung:

a) Beobachte und skizziere Form und Ort des Monds zu einer bestimmten Zeit. Mache das Gleiche etwa eine Stunde später.

b) Wiederhole das an sieben aufeinanderfolgenden Tagen.

Beobachtung und Auswertung:

Deute deine Beobachtungen.

Anregungen, wie du die Mondformen darstellen kannst, findest du auf der Seite 39.

Manchmal siehst du den Mond als Sichel, manchmal als Halbmond oder als Vollmond. Die unterschiedlichen Gestalten des Monds heißen **Mondphasen.**

Auch die Lage des Monds am Himmel ändert sich. Das bemerkst du, wenn du ihn im Abstand von einer Stunde betrachtest.

Der Mond bewegt sich in 29,5 Tagen ein Mal um die Erde und zusammen mit der Erde um die Sonne. Erde, Mond und Sonne ändern dabei ständig ihre Stellung zueinander. Da die Ebenen der Erdbahn und der Mondbahn gegeneinander geneigt sind, befinden sich Sonne, Erde und Mond nur selten auf einer Linie.

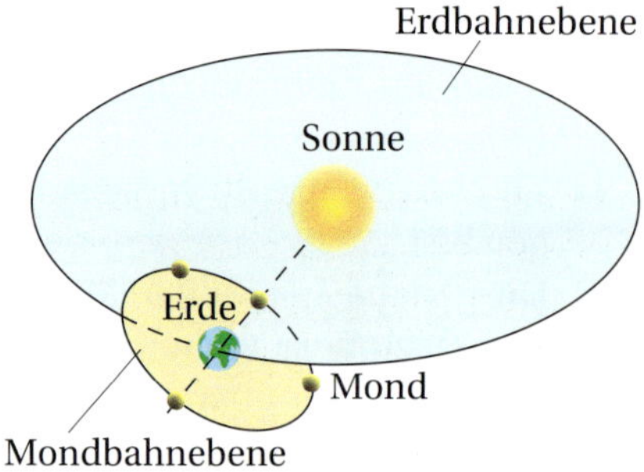

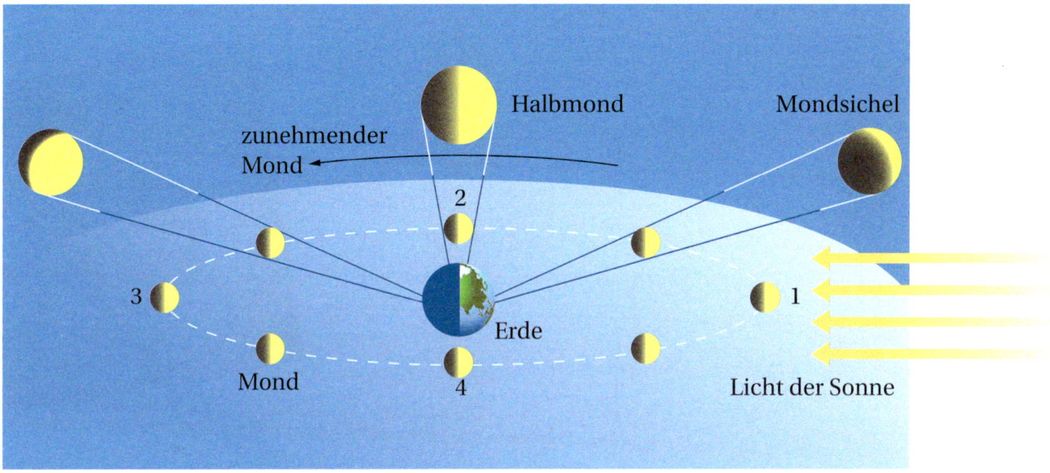

Der Mond wird wie die Erde von der Sonne beleuchtet und reflektiert einen Teil des Lichts. Eine Hälfte des Monds ist immer hell, die andere dunkel.
Die Stellungen 1 bis 4 zeigen, wie du den Mond von der Erde aus siehst.

Stellung 1: Bei **Neumond** siehst du den Mond nicht. Er geht in etwa zusammen mit der Sonne am Morgen auf und am Abend unter.

Stellung 2: Es ist zunehmender Halbmond. Er geht gegen Mittag auf und gegen Mitternacht unter.

Stellung 3: Du siehst die beleuchtete Halbkugel. Es ist **Vollmond**. Die Erde steht auf einer Linie zwischen Sonne und Mond. Der Mond geht in der Abenddämmerung auf und in der Morgendämmerung unter.

Stellung 4: Es ist abnehmender Halbmond, der gegen Mitternacht aufgeht und gegen Mittag untergeht.

Neumond und zunehmender Mond

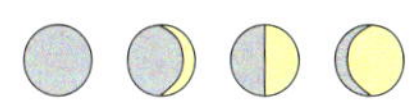

Vollmond und abnehmender Mond

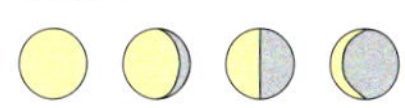

Die Mondphasen kommen durch die unterschiedliche Stellung von Sonne, Erde und Mond zustande. Die Zeit zwischen zwei gleichen Mondphasen beträgt 29,5 Tage.

Aufgaben

1 Oft ist der Mond wie auf dem Foto rechts auch tagsüber zu sehen. Bei welchen Mondphasen kann das sein?

2 Tobias erzählt in der 5. Unterrichtsstunde, dass er in der letzten Pause einen wunderschönen Vollmond gesehen hätte. Ist das möglich?

Sonnen- und Mondfinsternis

Bei einer Sonnenfinsternis ist anstelle der Sonne nur die unbeleuchtete Seite des Monds als dunkler Kreis zu sehen.
Wie kann die Sonne am Tag „verschwinden"?

Zu den Himmelskörpern gehören Planeten, Monde, Planetoiden, Kometen und Meteoride.

Das Licht der Sonne trifft auf alle Himmelskörper in unserem Sonnensystem. Eine **Finsternis** tritt ein, wenn der Schatten eines Himmelskörpers auf die Oberfläche eines anderen Himmelskörpers trifft.
Weil die Sonne sehr groß ist, erzeugt sie hinter der Erde und hinter dem Mond Kernschatten und Halbschatten.

Bei einer **Sonnenfinsternis** gelangt der Mond durch seine Bewegung um die Erde manchmal zwischen Sonne und Erde.

Für einen Beobachter auf der Erde, der sich im Kernschatten des Monds befindet, wird damit die Sonne völlig verdeckt. Es tritt eine Sonnenfinsternis auf. Sie ist nur bei Neumond zu beobachten.

■ Was bedeutet Neumond?

Bei einer Sonnenfinsternis berührt der Schatten des Monds Teile der Erdoberfläche. Der Mond hält sich dabei zwischen Erde und Sonne auf. Es ist Neumond.

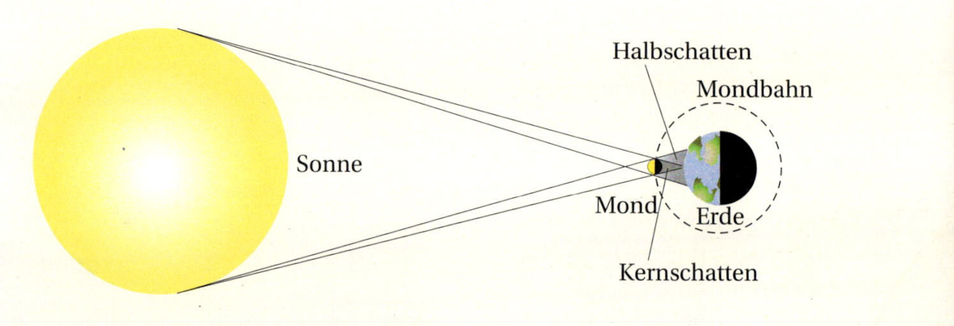

■ Totale Sonnenfinsternis: Der Schatten des Monds fällt auf die Erde. Wo müssen sich die Beobachter befinden?

Das Leuchten um den dunklen Kreis links sind glühende Gase der Sonne, die nicht im Mondschatten liegen.
Die Ursache für eine **Mondfinsternis** ist die Bewegung des Monds um die Erde. Auf der Seite der Erde, die der Sonne abgewandt ist, entstehen Kern- und Halbschatten. Sie reichen weit in den Weltraum. Für einen Beobachter auf dieser Seite der Erde ist Nacht.
Meist verläuft die Mondbahn oberhalb oder unterhalb von Kern- und Halbschatten der Erde. Nur wenn der Mond in den Kernschatten der Erde gerät, ist eine Finsternis zu beobachten. Sie ist nur bei Vollmond möglich.

▪ Was bedeutet Vollmond?

Solange sich der Mond im Kernschatten der Erde befindet, herrscht eine totale Mondfinsternis.

> Bei einer Mondfinsternis befindet sich der Mond im Kernschatten der Erde. Die Erde hält sich dann genau zwischen Sonne und Mond auf. Es ist Vollmond.

Aufgaben

1 Ein Globus ist ein Modell für unsere Erde. Zeige mit einem Partner in einem verdunkelten Raum, was Tag- und Nachtseite der Erde bedeuten. Ihr könnt auch einen Ball als Globus benutzen oder aus Styropor einen Globus basteln.

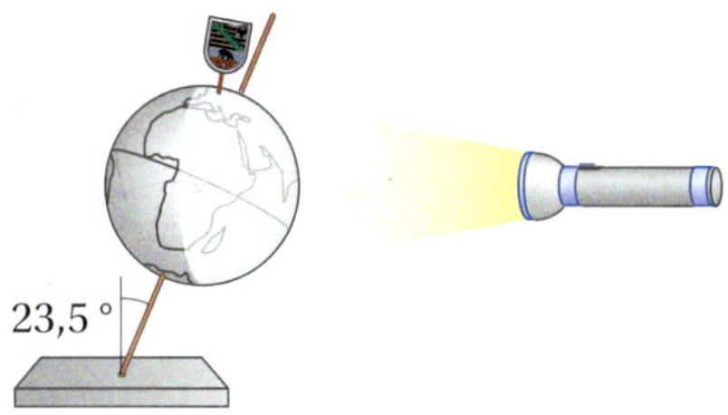

2 Lies den Text auf dieser Doppelseite und beantworte folgende Fragen:
a) Warum ist nicht bei jedem Umlauf des Monds um die Erde eine Mondfinsternis zu beobachten?
b) Gib an, zu welchen Tageszeiten man eine Sonnenfinsternis bzw. eine Mondfinsternis beobachten kann.
Diskutiert eure Antworten.

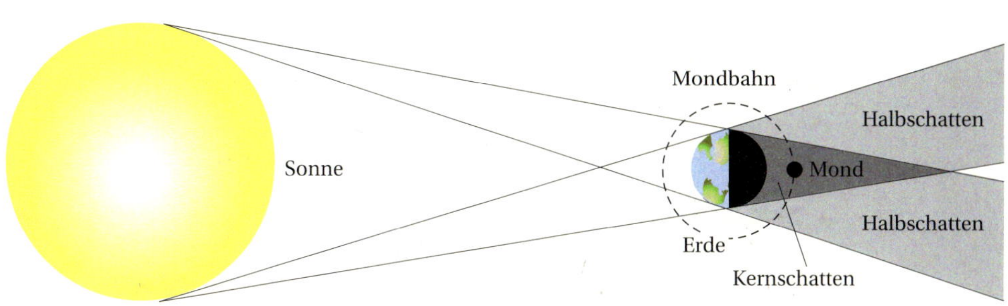

▪ Totale Mondfinsternis: Der Mond befindet sich im Kernschatten der Erde.
Wo müssen sich Beobachter aufhalten?

Bilder durch Öffnungen

Mit einem Fotohandy kannst du ein witziges Motiv schnell aufnehmen und deinen Freunden zeigen. Die einfachste Kamera – eine Lochkamera – kannst du selbst bauen.

Dass Licht sich geradlinig ausbreitet, wird bei einer Lochkamera genutzt.

Eine **Lochkamera** ist ein dunkler Raum, z. B. eine Dose. In diese fällt durch ein kleines Loch Licht ein.
Auf der anderen Seite befindet sich ein Schirm, z. B. ein lichtdurchlässiger Plastikdeckel. Auf diesem wird das Bild eines Gegenstands, z. B. einer Kerzenflamme, wie in der Abbildung rechts aufgefangen.

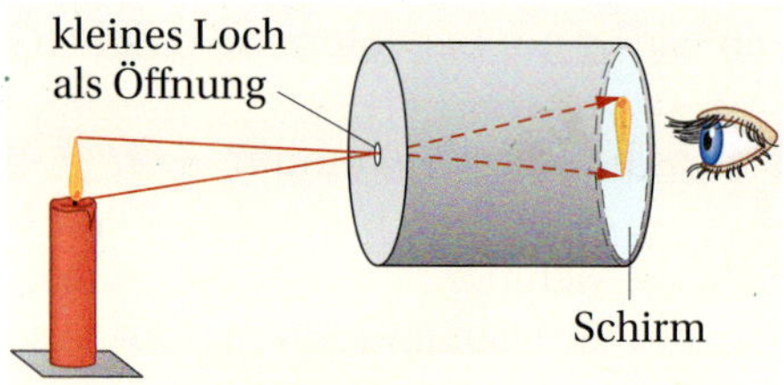

■ Beschreibe das Bild der Kerzenflamme auf dem Schirm.

Erforsche es

Untersuchungen mit einer Lochkamera

1. Baue eine Lochkamera und nutze sie bei Untersuchungen.
   Vorbereitung:
   Du benötigst eine Dose mit lichtdurchlässigem Plastikdeckel, Nagel und Kerze.
   Durchführung:
   a) Schlage mit einem Nagel in die Mitte des Bodens der Dose ein möglichst kleines Loch. Verschließe die Dose mit dem Plastikdeckel.
   b) Richte die Dose mit dem kleinen Loch auf eine Kerzenflamme. Blicke auf den Schirm.
   c) Verändere den Abstand Kerze-Lochkamera.
   d) Richte die Dose auf bewegte Gegenstände, z. B. Fußgänger.
   Auswertung:
   Beschreibe deine Beobachtungen.
2. Vergrößere nun die Öffnung im Boden der Lochkamera. Beobachte erneut die Kerzenflamme.
   a) Wie verändert sich die Helligkeit des Bilds mit der Vergrößerung des Lochs?
   b) Wie verändert sich die Schärfe des Bilds?

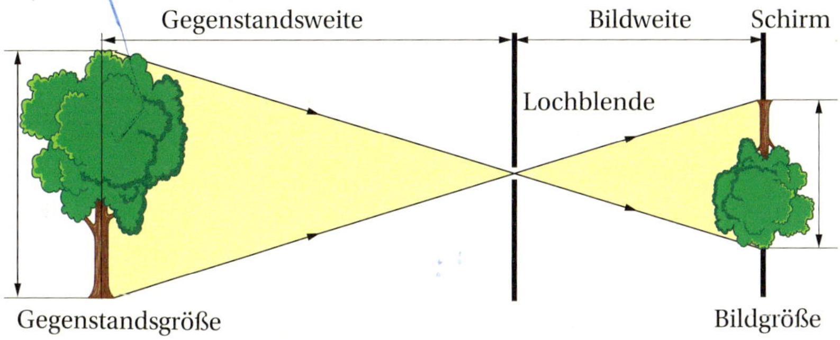

Mit einer Lochkamera entsteht ein lichtschwaches, umgekehrtes und seitenvertauschtes Bild.

Beschreibe, wie das Bild eines Gegenstands mit Randstrahlen konstruiert werden kann.

Wie groß das Bild ist, hängt ab
- von der Größe des abgebildeten Gegenstands **(Gegenstandsgröße)**,
- vom Abstand Gegenstand-Lochblende **(Gegenstandsweite)** und vom Abstand Schirm-Lochblende **(Bildweite)**.

Wie kommt das Bild zustande?
Das Licht breitet sich von jedem Punkt der Kerze geradlinig in alle Richtungen aus. Aber nur ein kleiner Teil gelangt durch das Loch und erzeugt einen kleinen Lichtfleck auf dem Schirm. Alle Lichtflecke zusammen erzeugen das Bild der Kerzenflamme. Je nach der Größe des Lochs ist das Bild heller oder dunkler, unschärfer oder schärfer.

Das Licht von unteren Punkten eines Gegenstands fällt oben auf den Schirm, das Licht von oberen Punkten trifft unten auf den Schirm. So entsteht ein **umgekehrtes** Bild.

Das Bild ist außerdem **seitenvertauscht,** denn Licht von linken Punkten trifft auf dem Schirm rechts auf und umgekehrt.

Aufgaben

1 _ Begründe, warum mit einem größeren Loch ein helleres Bild entsteht.

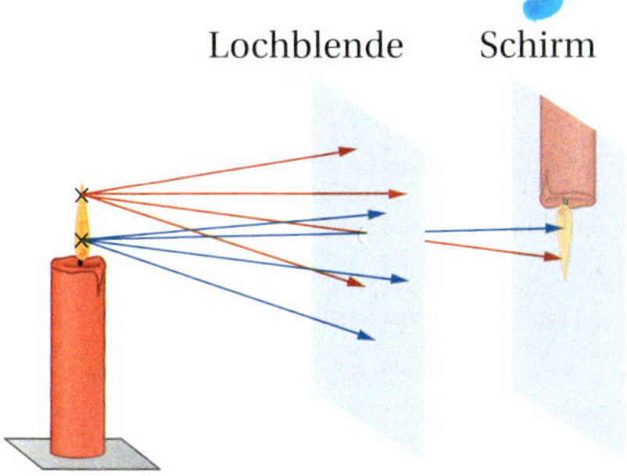

2 _ Sage anhand von Zeichnungen voraus, wie sich die Größe des Bilds in der Abbildung links ändert, wenn du dich mit der Lochkamera von der Kerze entfernst.

3 _ Pascal ist enttäuscht. Er kann auf dem Schirm seiner Lochkamera kein Bild sehen. Woran könnte das liegen? Unterbreitet Vorschläge und prüft sie im Experiment.

Der Fotoapparat

Es gibt unzählige Arten von Fotoapparaten. Aber alle funktionieren nach demselben Prinzip.

Die Sammellinse heißt Objektiv, weil sie zum Objekt gerichtet ist.

Mit Fotoapparaten werden Bilder auf CCD-Chips, Filmen oder Schirmen erzeugt. Wichtigstes Bauteil ist eine Sammellinse, **ein Objektiv.** Es erzeugt ein verkleinertes Bild des Gegenstands. Wenn sich die Brennweite eines Objektivs ändern lässt (Zoomobjektiv), dann können von einem Gegenstand, der sich in einer bestimmten Entfernung befindet, unterschiedlich große Bilder erzeugt werden.

Damit das Bild möglichst scharf und farbrichtig wird, sind Objektive meist komplizierte Linsensysteme. Sie wirken wie eine Sammellinse. Deshalb ist in der Abbildung rechts oben vereinfacht eine Sammellinse gezeichnet.

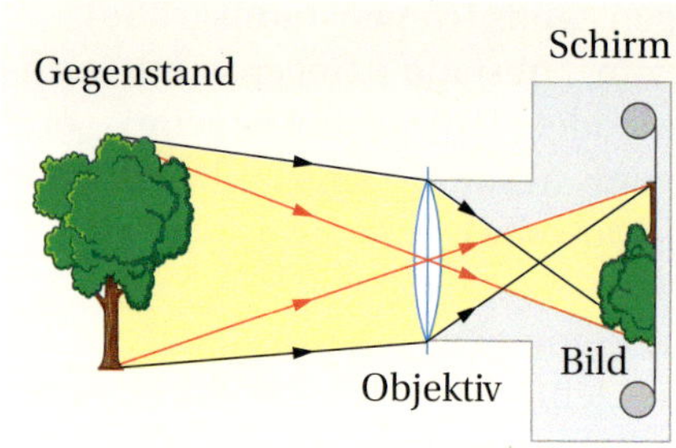

Aufgaben

1 _ Welche Eigenschaften hat das Bild, das mit einem Fotoapparat entsteht?

2 _ Welche Vorteile hat ein Fotoapparat gegenüber einer Lochkamera?

Zur Ausrüstung eines Naturfotografen gehört eine Spiegelreflexkamera mit Zoomobjektiv.

So kannst du vorgehen

Vergleichen

Wenn du etwas vergleichst, suchst du nach Gemeinsamkeiten und Unterschieden zwischen mindestens zwei Objekten oder Vorgängen.
Ein Vergleich hat immer einen bestimmten Zweck.

▸ Schritt 1

Lege die Objekte fest, die du vergleichen willst.

Vergleiche Lochkamera und Fotoapparat. Was haben sie gemeinsam? Worin unterscheiden sie sich?

▸ Schritt 2

Wähle geeignete Merkmale aus.

- *Wodurch ist die Bildgröße bestimmt?*
- *Wovon hängt die Bildschärfe ab?*
- *Steht das Bild aufrecht?*
- *Wie lichtstark ist das Bild?*

▸ Schritt 3

Führe den Vergleich durch.

Ermittle Gemeinsamkeiten und Unterschiede der Objekte, die du vergleichst.

Gemeinsamkeiten:
Mit Lochkamera und Fotoapparat kann ein Bild des Gegenstands erzeugt werden. In beiden Fällen steht das Bild kopfüber. Das Bild ist kleiner als der Gegenstand.

Unterschiede:
Die Unterschiede sind in der Tabelle unten zusammengestellt.

▸ Schritt 4

Leite eine Schlussfolgerung ab.

Der Fotoapparat ist eine Weiterentwicklung der Lochkamera. Er hat den Vorteil, dass viel mehr Licht zur Bildentstehung beiträgt.

Unterschiede zwischen Lochkamera und Fotoapparat	
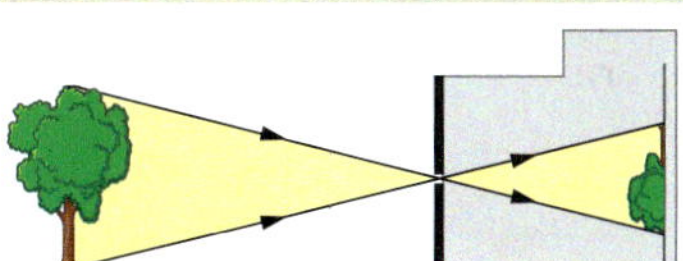 Lochkamera	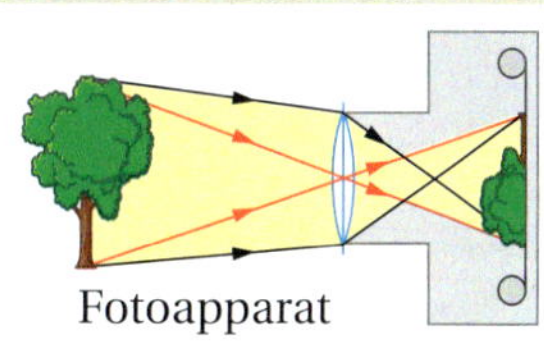 Fotoapparat
- Eine Lochkamera ist einfach und billig herzustellen. - Die Bildschärfe hängt von der Größe des Lochs ab. Je kleiner das Loch ist, desto schärfer ist das Bild. - Die Helligkeit des Bilds hängt ebenfalls von der Lochgröße ab. Je größer das Loch ist, desto heller ist das Bild.	- Ein Fotoapparat ist ein kompliziertes Gerät mit einem Objektiv aus Linsen. Ein guter Fotoapparat ist teuer. - Die Bildschärfe wird durch genaue Einstellung der Linse erreicht. - Die Helligkeit des Bildes hängt von der Größe der Linse ab. Das Bild ist viel heller als bei der Lochkamera.

Das hast du gelernt

Vom Licht

Das Licht einer Lichtquelle breitet sich **geradlinig nach allen Seiten** aus.

Licht kann von Körpern **absorbiert, gestreut, reflektiert** oder **durchgelassen** werden.

Hinter beleuchteten undurchsichtigen Körpern bilden sich **Schatten.**

Der Weg des Lichts kann mit dem **Modell Lichtstrahl** dargestellt werden.

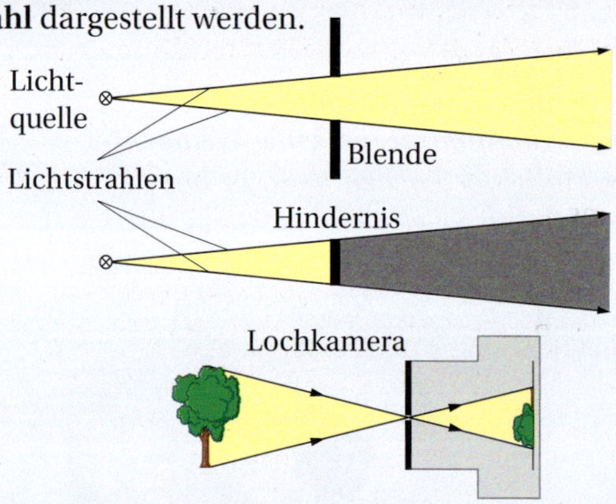

Nur wenn Licht in unsere Augen fällt, können wir sehen. Das Auge ist ein Lichtempfänger. Lichtquellen und beleuchtete Körper sind sichtbar.

Schatten entstehen auch im Weltraum.

Mondfinsternis: Der Mond befindet sich im Erdschatten. Die Erde steht dann zwischen Sonne und Mond.

Sonnenfinsternis: Der Mondschatten fällt auf die Erdoberfläche. Der Mond steht dann zwischen Erde und Sonne.

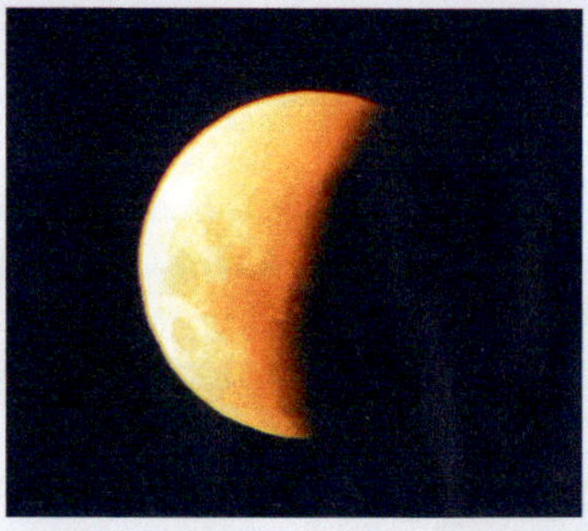

Löse mit Köpfchen

1. Auftrag korrekt ausgeführt?

Ein Fotograf hatte die Aufgabe, Lichtquellen zu fotografieren. Er hat einige Fotos vorgelegt.

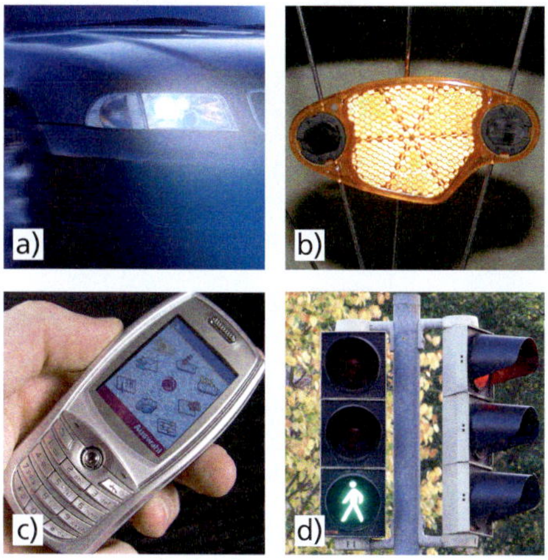

Entscheide, ob er in allen Fällen wirklich Lichtquellen fotografiert hat. Begründe deine Entscheidungen.
↗ S. 17, 31

2. Licht in Sprichwörtern

Was ist mit folgenden Sprichwörtern gemeint?
„Nachts sind alle Katzen grau."
„Mir geht ein Licht auf."
Suche nach weiteren Sprichwörtern, bei denen es um Licht geht. Diskutiere sie mit deinen Mitschülern.

3. Auf das Material kommt es an

Ordne Gegenstände aus deiner Umgebung folgenden Gruppen zu:
- Sie streuen das Licht.
- Sie reflektieren das Licht.
- Sie lassen das Licht durch.
- Sie absorbieren das Licht.

4. Randstrahlen

Wie ändert sich der Verlauf der Randstrahlen, wenn die Lichtquelle näher als in der Abbildung an die Blende gerückt wird?

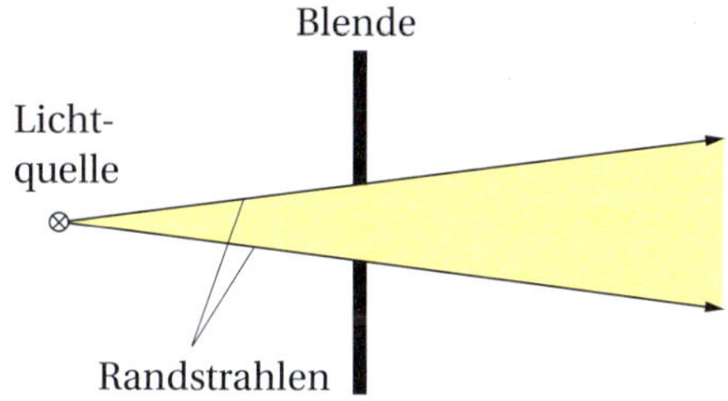

Übernimm die Abbildung in dein Heft.

5. Lange und kurze Schatten

Untersuche, wie sich der Schatten eines Gegenstands, z. B. eines Holzbausteins, ändert, wenn er an einer brennenden Kerze vorbeigeführt wird.
↗ S. 56

Vorsicht! Brandgefahr!

Vorbereitung:
Baue den Versuch wie in der Abbildung rechts auf.
Durchführung:
a) Schiebe den Gegenstand langsam in Richtung Kerze, dicht an dieser vorbei und immer weiter weg.
b) Beschreibe deine Beobachtungen.
Auswertung:
Vergleiche deine Beobachtungen mit deinen Erfahrungen, wenn du dich im Dunkeln einer Straßenlampe näherst und dich wieder von ihr entfernst.

6. Finsternisse im Vergleich

Worin unterscheiden sich Mond- und Sonnenfinsternisse? Was ist gleich? Was ist unterschiedlich?
↗ S. 45

2 Teste dich selbst

Wähle aus

1 Der Mond, den wir in klaren Nächten in unterschiedlicher Form am Himmel sehen, ist
- A eine Lichtquelle,
- B ein Körper, der das auftreffende Sonnenlicht reflektiert,
- C ein beleuchteter Körper,
- D ein Körper, der das Licht reflektiert, das von der Erde kommt.

2 Auf den Fotos sind verschiedene Körper abgebildet. Welche der Körper sind Lichtquellen?

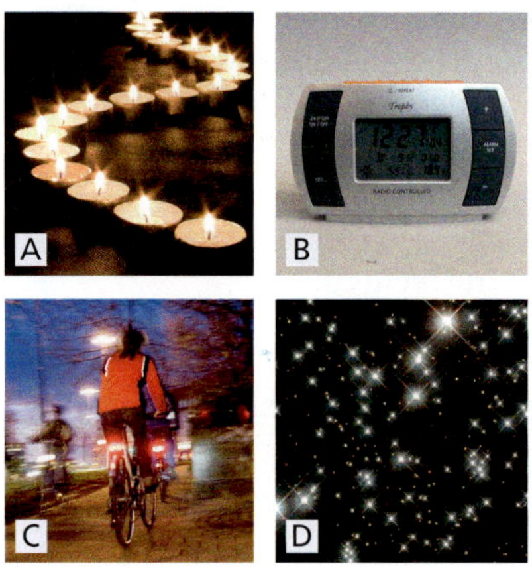

3 Eine Sonnenfinsternis kommt genau dann zustande, wenn von einem bestimmten Ort der Erde aus gesehen
- A sich der Mond zwischen diesem Ort und der Sonne befindet,
- B sich der Mond vom Beobachter aus gesehen hinter der Erde befindet.

4 An einem ebenen Spiegel entsteht ein Spiegelbild. Welche Darstellung ist richtig?

A

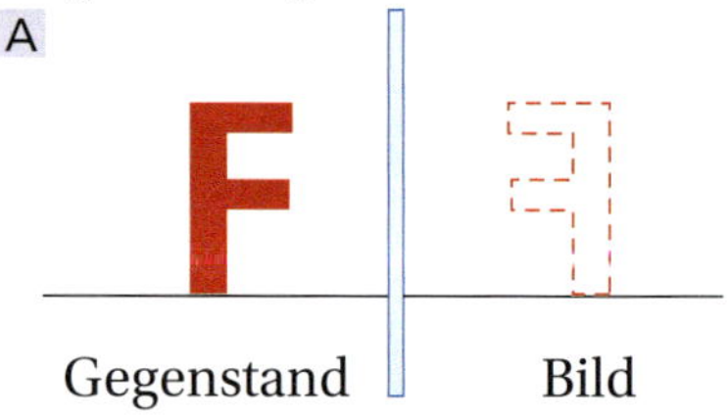

B

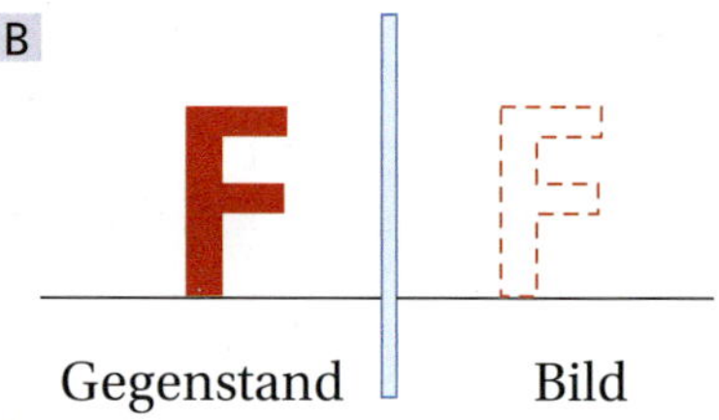

C

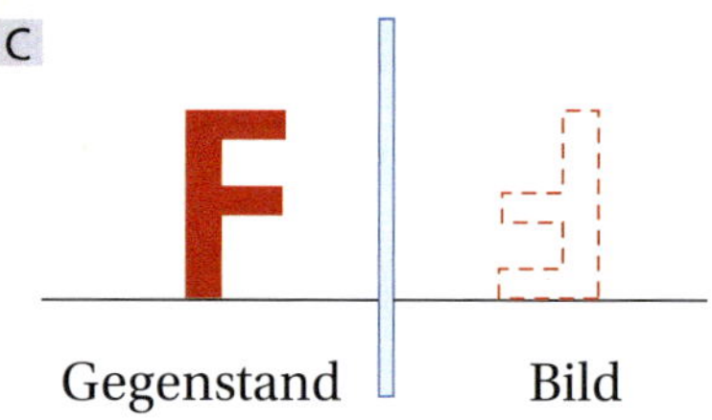

5 Bilder von Gegenständen kannst du mithilfe von Löchern erzeugen.

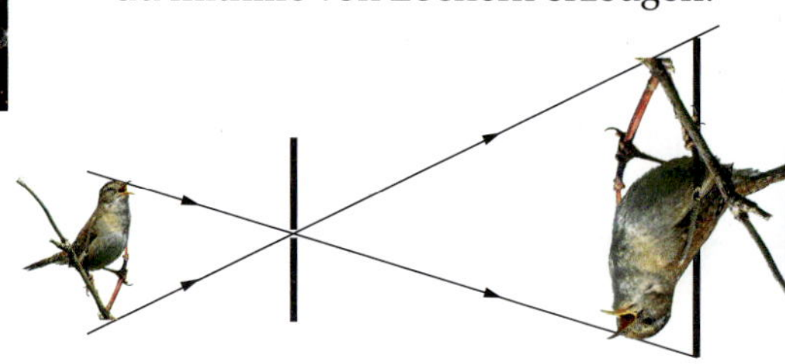

Das Bild, das auf dem Schirm entsteht, kann folgendermaßen sein:
- A vergrößert und umgekehrt,
- B verkleinert und umgekehrt,
- C verkleinert und aufrecht,
- D vergrößert und aufrecht.

Beantworte ausführlich

1 Gerade in Ortschaften mit einer guten Straßenbeleuchtung vergessen Autofahrer manchmal, Licht am Fahrzeug einzuschalten. Begründe, warum es sehr wichtig ist, mit Licht zu fahren, obwohl man doch selbst genug sieht.

2 Rolle ein Blatt Papier zu einem Tubus zusammen und halte es vor ein Auge. Blicke mit beiden Augen auf einen Gegenstand. Halte die andere Hand direkt neben den Tubus. Was passiert?

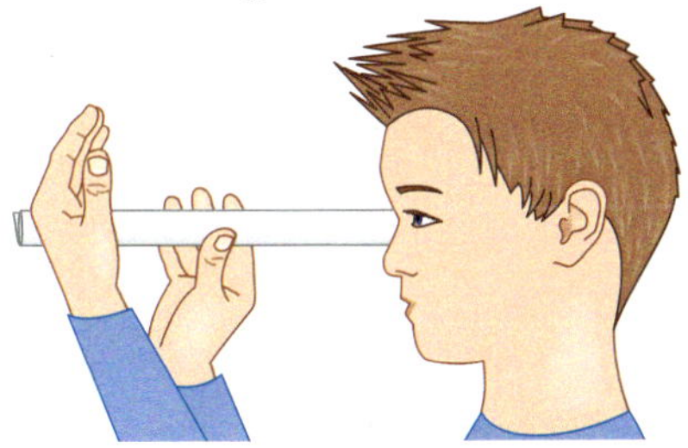

3 Bewerte folgende Aussagen aus physikalischer Sicht:
a) Wenn ich im Dunkeln Kleidung mit vielen Reflektoren trage, muss ich nicht auch noch auf helle Kleidung achten.
b) Bei bedecktem Himmel ist es dunkler als bei wolkenlosem Himmel, weil bei Bewölkung die Sonne weniger scheint.
c) Je näher ein Gegenstand an eine Lochblende herangerückt wird, desto kleiner ist sein Bild auf einem Schirm.

4 Pia, Tim und Lena spielen Verstecken. Wo muss Pia stehen, damit sie weder von Tim noch von Lena gesehen werden kann? Wähle zwischen den Positionen A bis E aus und begründe deine Entscheidung.

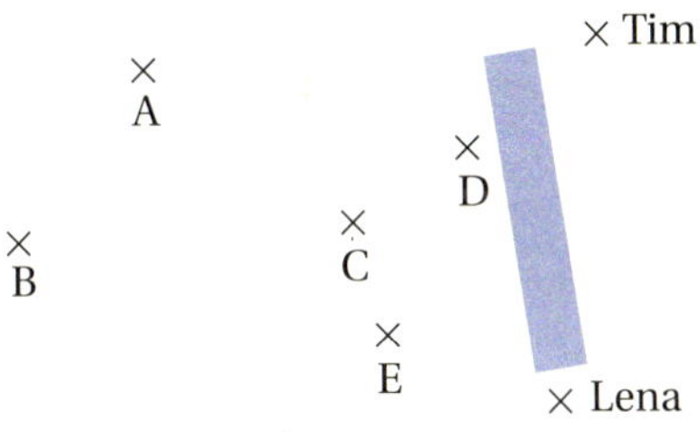

5 Philipp hatte für die Lösung der folgenden Aufgaben nur wenig Zeit. Daher sind ihm einige Fehler unterlaufen. Finde die Fehler und korrigiere sie.

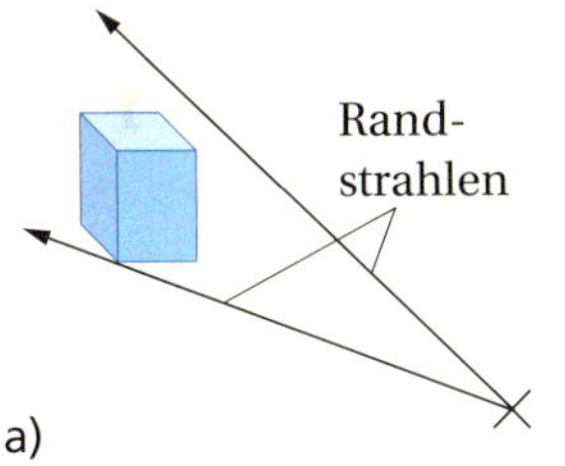

a)

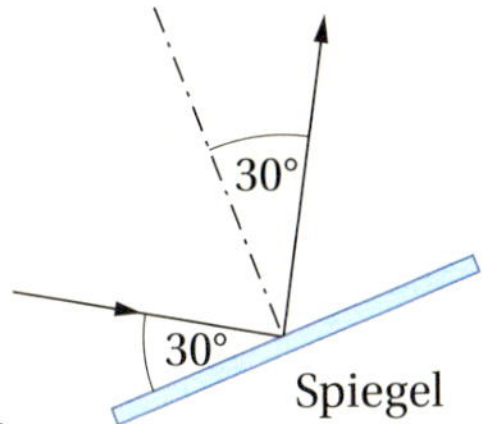

b)

c)

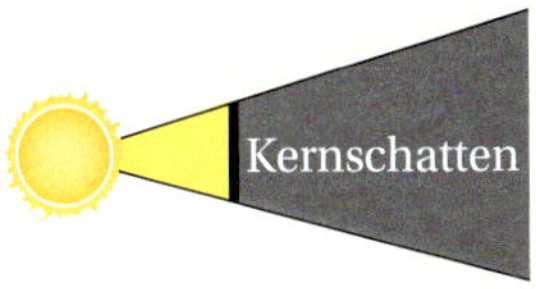

d)

3 Vom Messen

1 Das Messen – eine Frage an die Natur

Das Messen gehört zu den grundlegenden Arbeitsweisen eines Physikers. Was musst du beim Messen beachten? Wie kannst du Messwerte erfassen und auswerten?

2 Genau ein Meter?

Eine physikalische Größe kannst du nicht absolut genau messen. Immer treten Messfehler auf, z. B. durch die verwendeten Messinstrumente.
Welche Messfehler können auftreten und wie beeinflussen sie das Ergebnis deines Experiments?

3 Energie aus Obst

Baue eine Apfelbatterie. Miss die Spannung. Welchen Wert ergibt der Versuch mit Platten aus dem gleichen Metall? Wähle verschiedene Früchte und Metalle.

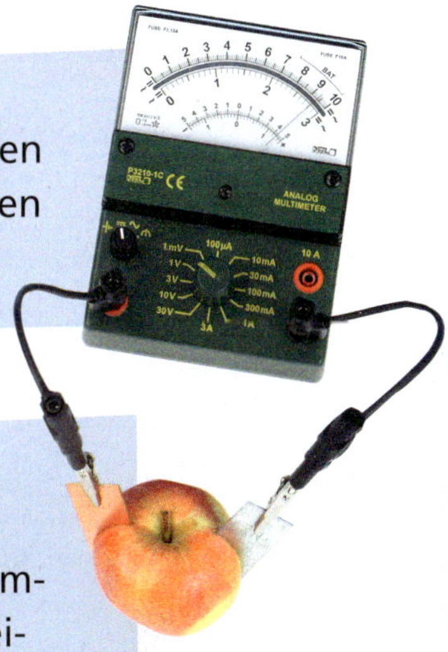

4 So warm bzw. so kalt sind ...

Ordne die Beispiele nach der Höhe der Temperatur. Erkunde außerdem die Temperatur einer Kerzenflamme. Lass deine Mitschüler die Temperaturen von Beispielen schätzen, die du ausgesucht hast.

Messen bedeutet Vergleichen

Klar, wer größer ist. Aber wie groß ist der Unterschied wirklich?

Erforsche es

So lang sind ...

1. Schätze folgende Längen:
   a) Abmessungen eines DIN-A4-Blatts,
   b) Dicke deines Physikbuchs,
   c) Umfang und Durchmesser einer Konservendose,
   d) Umfang deiner Taille.
   Miss diese Längen und vergleiche sie mit deinen Schätzungen.

2. Glücklicherweise konntest du noch bremsen, sonst wäre es zu einem Unfall gekommen. „Um Haaresbreite!", denkst du. Finde heraus, was eine Haaresbreite ist.

3. Beschreibe ein Verfahren, wie du die Länge eines Körpers bestimmen kannst, ohne ein Lineal oder ein Metermaß zu benutzen.
   Wie groß ist der Fehler bei einer solchen Messung? Würde eine andere Person zum gleichen Ergebnis kommen?

Für viele Situationen im Alltag reichen Schätzungen aus: Der Freund ist etwa 10 cm größer, der Schulweg 1,5 km lang und bis zur Bushaltestelle sind es 500 m. Aber bereits im Sport möchtest du nicht nur wissen, dass du weiter als dein Freund gesprungen bist, sondern um wie viele Zentimeter genau.

Die Länge ist wie die Temperatur oder die Masse eine messbare Eigenschaft eines Körpers. Länge, Temperatur und Masse sind **physikalische Größen.** Sie werden mit unterschiedlichen **Messgeräten** gemessen.

Messgeräte für Längen sind ein Bandmaß, ein Lineal oder ein Messschieber.

Wusstest du schon?

Längeneinheiten früher und heute

Menschliche Körpermaße wie der Fuß oder der Arm dienten viele Jahrhunderte als Längenmaße.

Oft waren die jeweiligen Herrscher das „Maß aller Dinge“. KARL DER GROSSE (748-814) wollte die Maße vereinheitlichen und führte – natürlich – die Länge seines eigenen Fußes ein.

In Deutschland variierte das Längenmaß ein Fuß z. B. zwischen 408,3 mm (Trier) und 287,4 mm (Köln).

1793 wurde das Meter eingeführt, seit 1799 wird ein Stab aus Platin und Iridium als Urmeter in Paris aufbewahrt. Mit der Zeit stiegen die Ansprüche an genaues Messen. Heute ist das Meter als Bruchteil der Strecke festgelegt, die das Licht in einer Sekunde zurücklegt.

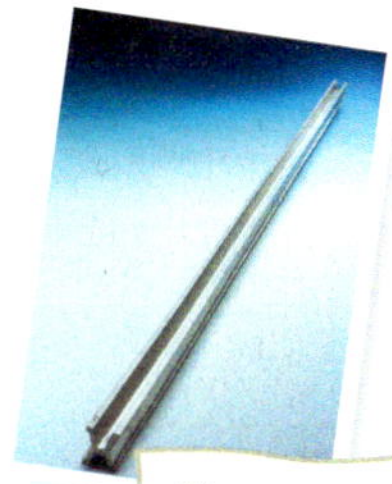
Urmeter

Für jede physikalische Größe gibt es ein **Formelzeichen,** für die Länge ist es ein l. Beim Messen deiner Körperlänge vergleichst du diese mit der **Einheit** der physikalischen Größe Länge. Ihre Einheit ist ein Meter, abgekürzt 1 m. Angenommen, du bist 1,46 m groß. Das bedeutet: Deine Körperlänge beträgt das 1,46-Fache der Einheit 1 m. Es gilt:
$l = 1{,}46 \cdot 1\ \text{m}$
Zur Vereinfachung lässt man die 1 und das Malzeichen weg und schreibt:
$l = 1{,}46\ \text{m}$
Weitere Einheiten für die Länge sind ein Kilometer (1 km), ein Zentimeter (1 cm) ein Dezimeter (1 dm) und ein Millimeter (1 mm).

> Messen einer physikalischen Größe bedeutet immer ein Vergleichen mit einer Einheit der physikalischen Größe.

Jedes Messgerät hat einen Messbereich und eine Messgenauigkeit.
Ein Bandmaß hat z. B. einen Messbereich von 0 bis 5 m. Wenn du es verwendest, kannst du bis auf 1 cm genau messen und auf einen halben Zentimeter schätzen.

Bei einem digitalen Bandmaß kannst du meistens bis auf ein Zehntel eines Zentimeters genau ablesen.

- Wie groß sind Messbereich und Messgenauigkeit bei einem Lineal?

Umrechnen von Längeneinheiten

1 m = 10 dm = 100 cm
1 km = 1 000 m
1 cm = 10 mm

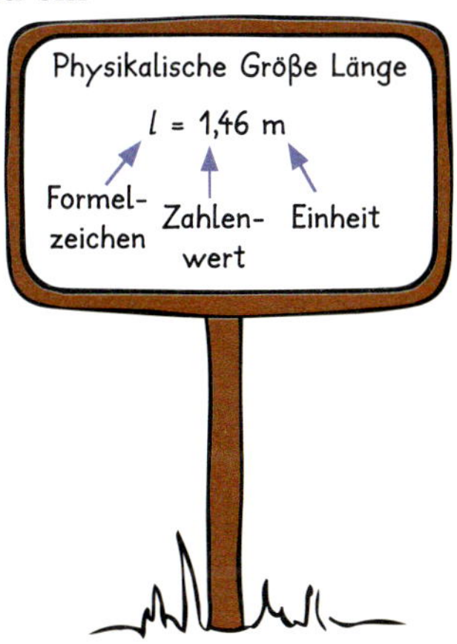

Volumen und Masse

Wenn ein Küken schlüpft, ist es so klein, dass es in das Ei hineinpasst. Das Küken ist schwerer als die leere Eierschale. Bald wird es fressen und größer und schwerer werden. Klein, groß, schwer und leicht sind Eigenschaften von Körpern. Wie kannst du sie messen?

Das Volumen von Körpern

Das Küken wird bald nicht mehr in die Eierschale passen. Sein Volumen wird größer.
Das **Volumen** ist der Raum, den jeder Körper einnimmt. Das trifft für Flüssigkeiten und Gase genauso zu wie für feste Körper.

Zwischen den Einheiten gilt: $1\ m^3 = 1000\ l$

> Das Volumen gibt an, wie groß der Raum ist, den ein Körper einnimmt.
> Formelzeichen: V
> Einheiten: ein Kubikmeter ($1\ m^3$)
> ein Liter (1 l)

Im Alltag begegnen dir verschiedene Angaben zum Volumen von Körpern.

Es gilt:
$1\ m^3 = 1000\ dm^3$
$1\ dm^3 = 1000\ cm^3$
$1\ l = 1000\ ml$

Volumen von Körpern	
Tischtennisball	$25\ cm^3$
Mauerziegel	$2{,}2\ dm^3$
Tankwagen	20 000 l
Trinkglas	0,25 l
Packung Milch	1 l
Wassereimer	10 l
Esslöffel	5 ml

Volumenbestimmung

Regelmäßige feste Körper: Das Volumen kannst du berechnen, wenn du zuvor die Kantenlängen misst.
Für einen Quader gilt:
$V = a \cdot b \cdot c$ — a Länge, b Breite, c Höhe
Für einen Würfel gilt: $V = a^3$
Unregelmäßige feste Körper: Das Volumen kannst du mit der **Differenzmethode** und der **Überlaufmethode** bestimmen.
Beide Methoden nutzen aus, dass ein Körper Wasser verdrängt, wenn er darin eintaucht. Das Volumen des verdrängten Wassers ist gleich dem Volumen des Körpers.

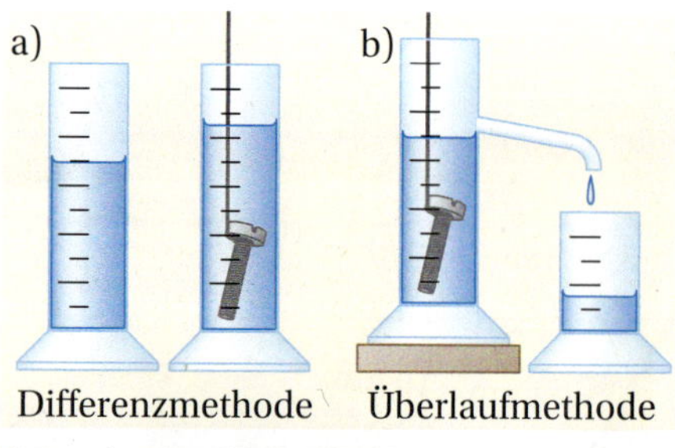

■ Vergleiche die beiden Methoden.

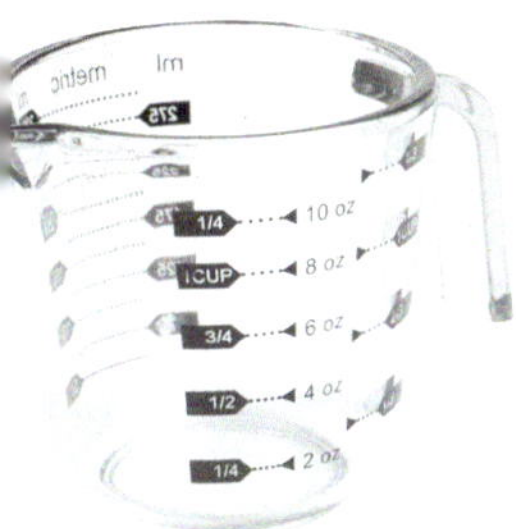

Die Masse von Körpern

Ein Küken ist im Vergleich zu seiner Mutter leicht. Im Vergleich zu der Eierschale, aus der es geschlüpft ist, ist es schwer.
Die Eigenschaft eines Körpers, schwer zu sein, beschreibt die physikalische Größe **Masse**.

> Die Masse gibt an, wie schwer ein Körper ist.
> Formelzeichen: m
> Einheiten: ein Kilogramm (1 kg)
> ein Gramm (1 g)

Gebräuchlich sind auch die Einheiten eine Tonne (1 t) und ein Milligramm (1 mg).

a)

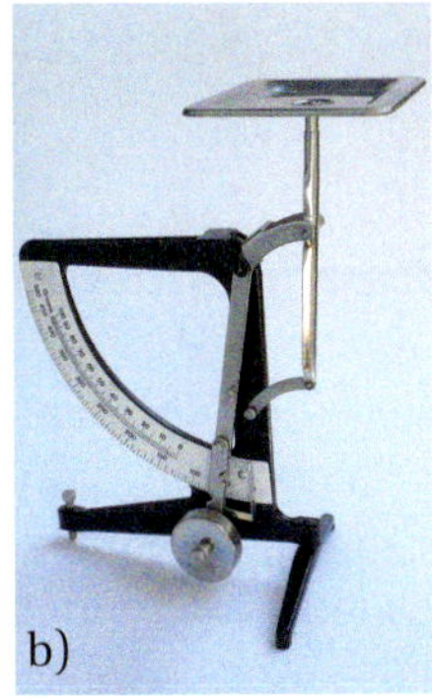
b)

Wo werden diese Waagen genutzt?

Für die Einheiten gilt:
1 t = 1000 kg
1 kg = 1000 g
1 g = 1000 mg

Im Alltag werden auch die Einheiten ein Pfund (500 g) und ein Zentner (50 kg) verwendet.
Die Masse eines Körpers wird mit einer **Waage** gemessen. Im Alltag findest du häufig elektronische Waagen.
In Supermärkten zeigen sie nicht nur die Masse an, sondern drucken diese Angabe auch zusammen mit dem Preis aus.

Bei Balkenwaagen wird die unbekannte Masse mit der bekannten Masse von Wägestücken verglichen.
Du musst so lange Veränderungen vornehmen, bis sich ein Gleichgewicht einstellt. Dann brauchst du nur noch die Massen der einzelnen Wägestücke zu addieren.

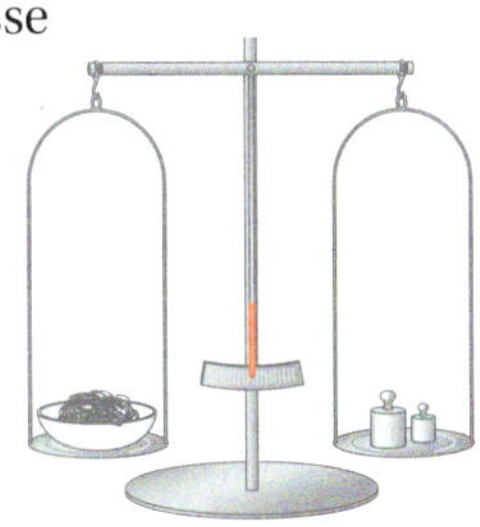

Wie groß ist die Masse der Tiere?

So kannst du vorgehen

Experimentieren

Beim Experimentieren gewinnst du Erkenntnisse, indem du Erscheinungen zielgerichtet genauer untersuchst. Dabei wird beobachtet, gemessen und ausgewertet.
Jedes Experiment muss wiederholt werden können. Nur dann lassen sich Ergebnisse überprüfen. Deshalb protokolliere alle Beobachtungen und Messungen.

Bestimme das Volumen eines Steins mit der Differenzmethode.

► Schritt 1

Bereite das Experiment vor.
Überlege Folgendes:
- Wie kann das Experiment aufgebaut werden? Manchmal ist eine Skizze sinnvoll.
- Welche Geräte und Hilfsmittel benötigst du?

Das Experiment wird wie in der Skizze aufgebaut. Du benötigst einen geeigneten Messzylinder. Binde an den Stein einen Faden, der lang genug ist.

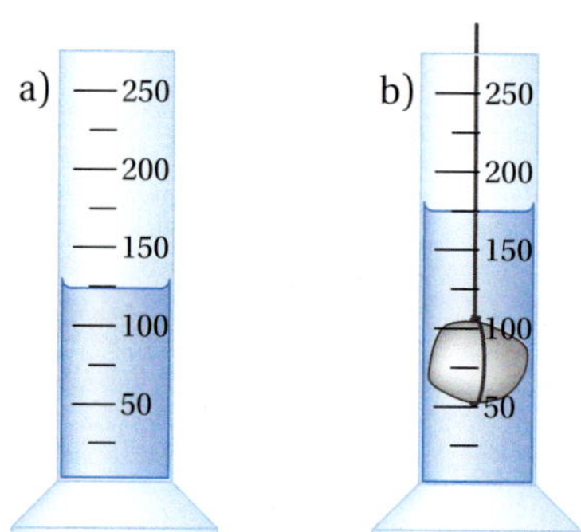

► Schritt 2

Führe das Experiment durch.
Baue das Experiment auf. Dabei gilt:
- Gehe sorgfältig mit den Geräten um.
- Halte unbedingt alle Sicherheitsvorschriften ein.

Notiere alle Beobachtungen. Trage die Messwerte in eine Tabelle ein. Das hilft beim Anfertigen eines Protokolls.

- *Wähle einen passenden Zylinder aus.*
- *Fülle den Messzylinder etwa zur Hälfte mit Wasser.*
- *Lies das Volumen V_1 ab. Blicke beim Ablesen stets in Höhe der Oberfläche des Wassers auf die Skala.*

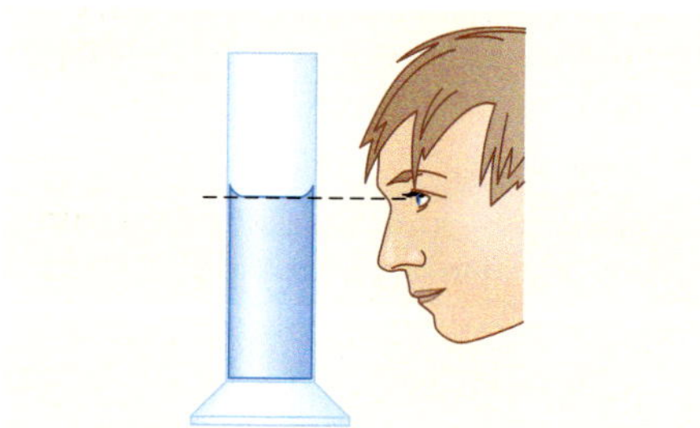

- *Tauche den Stein vollständig in das Wasser ein. Lies das Volumen V_2 ab.*

► Schritt 3

Werte das Experiment aus.
Formuliere das Ergebnis. Deute deine Beobachtungen, stelle Vergleiche an, fertige Diagramme an und nimm Berechnungen vor.

Das Volumen V des Steins ergibt sich aus der Differenz von V_2 und V_1:
$V = V_2 - V_1$
$V = 175\ ml - 125\ ml = \underline{50\ ml}$

Erforsche es

Wie viel passt in …?

1. Übe das Ablesen an Messzylindern:

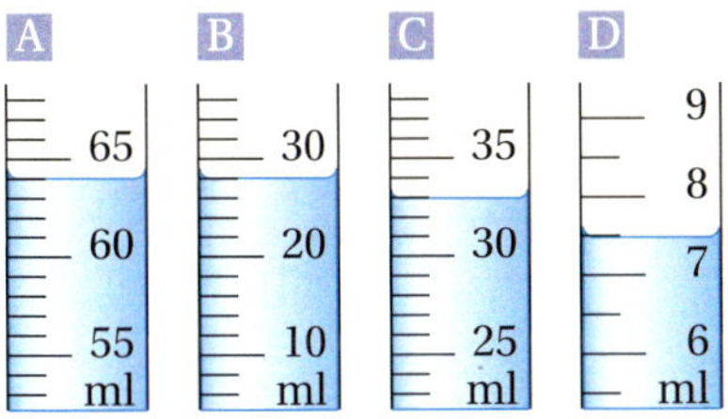

Gib die Ergebnisse in Milliliter, Liter und Kubikzentimeter an.

2. Wie groß ist das Fassungsvermögen einer Tasse, eines Eierbechers, eines Esslöffels und eines Teelöffels?

Vorbereitung:
Übernimm die Messwertetabelle in dein Heft.

Durchführung:
Schätze, bevor du misst.
Trage den Schätzwert in die Tabelle ein.
Fülle dann die Tasse mit Wasser und gieße dieses anschließend in den Messzylinder.
Miss das Volumen und trage es in die Tabelle ein.
Wiederhole mit den anderen Gefäßen.

Auswertung:
a) Beschreibe, wie du vorgegangen bist.
b) Diskutiere Messabweichungen.
c) Woran kann es liegen, dass deine Mitschüler ein anderes Ergebnis erhalten haben?

3. Bestimme das Volumen einer Kartoffel und eines Apfels.

Körper	Volumen V geschätzt	Volumen V gemessen
Tasse	… ml	… ml … cm^3
…	…	…

Unser Temperatursinn

Führe das Experiment durch.
Was stellst du fest?
Beschreibe deine Beobachtungen.

Unsere Haut hat Punkte, die empfindlich für Wärme und Kälte sind. Mit diesen Punkten können wir fühlen, ob z. B. Wasser heiß, warm oder kalt ist.
Unser **Temperatursinn** lässt sich aber leicht täuschen. Das beobachtest du, wenn du mit unterschiedlich warmem Wasser experimentierst.
Mit der Hand, die zuvor in kaltes Wasser getaucht war, empfindest du warmes Wasser wärmer als mit der Hand, die zuvor in heißes Wasser tauchte.

Auch andere Körper erscheinen uns wärmer, wenn wir zuvor etwas Kaltes angefasst haben.
In der Nähe von sehr heißen und sehr kalten Körpern reagiert unser Körper mit klaren Signalen. Er warnt uns vor schweren Verbrennungen oder Unterkühlungen.
Dass unser Temperatursinn gut auf unsere Bedürfnisse abgestimmt ist, erfährst du, wenn du das Experiment 2 auf der Seite 59 oben durchführst.

1 Nenne weitere Beispiele für Temperaturtäuschungen.

2 Nenne Beispiele für Warnungen der Haut bei extremer Temperatur.

Ein glühender Stahlblock leuchtet kirschrot bei ca. 800 °C.

Ein Eisberg in der Antarktis hat eine Temperatur von ca. -30 °C.

Erforsche es

Temperaturempfindungen

1. Ermittelt Kälte- und Wärmepunkte auf eurer Haut.
   Vorbereitung:
   Legt Stricknadeln, Eiswasser, heißes Wasser (60 °C) und zwei dünne Folienstifte bereit.
   Durchführung:
   a) Zeichne auf den Handrücken eines Mitschülers an verschiedenen Stellen mit dem Folienstift eine Fläche von einem Quadratzentimeter.

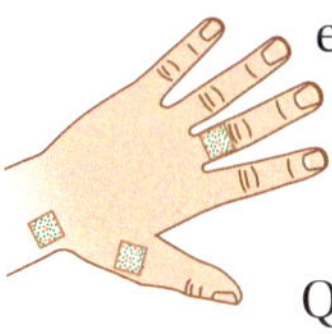

   b) Taste mit der Stricknadel, die im Eiswasser gekühlt wurde, nach Kältepunkten. Markiere sie grün.
   c) Taste mit der heißen Stricknadel nach Wärmepunkten. Markiere sie rot.

Auswertung:
Stellt die Anzahl der Wärme- und Kältepunkte fest.

2. In zwei Bechern befindet sich Wasser von 20 °C bzw. 25 °C. Vertausche die Becher mehrmals. Lasse eine Mitschülerin feststellen, welches Wasser wärmer ist. Mische nun das Wasser aus den Bechern so, dass der Temperaturunterschied geringer wird.
   Welchen Temperaturunterschied kann deine Mitschülerin gerade noch spüren?

Wusstest du schon?

„Warm“ oder doch eher „kalt“?

Unser Temperatursinn ist sehr gut auf unsere Bedürfnisse abgestimmt. Im mittleren Temperaturbereich ist unsere Wahrnehmung von warm bzw. kalt sehr leistungsfähig. Schon bei sehr geringen Unterschieden der Temperatur können wir fühlen, welcher Körper wärmer bzw. kälter ist.
Wir können zwar nicht fühlen, ob das Wasser in einem Becher 20 °C, 22 °C oder 25 °C hat, aber wir nehmen geringe Temperaturunterschiede zwischen dem Wasser in beiden Bechern wahr.
Bei sehr heißen oder sehr kalten Körpern ist es für uns nicht wichtig, Temperaturunterschiede wahrzunehmen. Entscheidend ist hier nur ein klares Signal, damit wir keine Verbrennungen oder Erfrierungen erleiden.
Eine heiße Herdplatte reizt die Sinneszellen in unserer Haut. Der Reiz wird an unser Gehirn weitergegeben und dort verarbeitet. Das Gehirn löst Reaktionen aus.

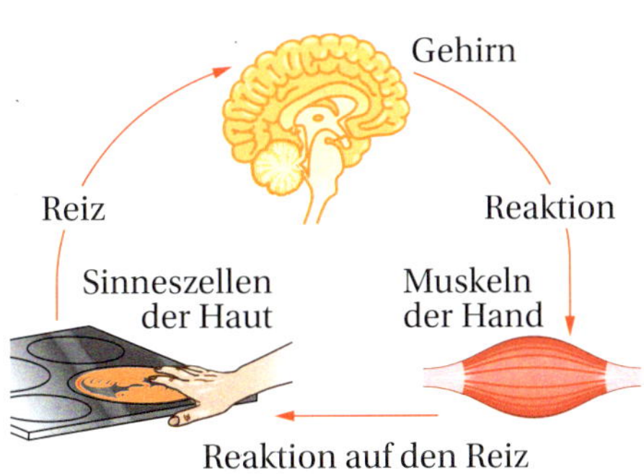

Temperatur und ihre Messung

Sicher kennst du die Messgeräte. Was misst man damit und wo werden sie benutzt?

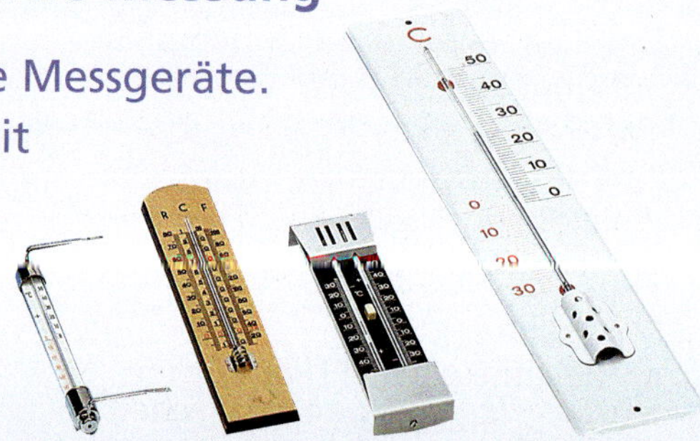

Um genau zu sagen, wie warm oder kalt ein Körper ist, reicht unser Temperaturempfinden nicht aus. Deshalb nutzen wir die physikalische Größe **Temperatur.**

> Die Temperatur gibt an, wie heiß oder wie kalt ein Körper ist.
> Formelzeichen: ϑ (griechischer Buchstabe, sprich: *theta*)
> Einheit: 1 Grad Celsius (1 °C)

Um die Temperatur eines Körpers in Grad Celsius anzugeben, wird die **Celsiusskala** genutzt. Sie ist nach dem schwedischen Naturforscher ANDERS CELSIUS (1701–1744) benannt.
Temperaturen werden mit **Thermometern** gemessen. Das Thermometer rechts ist ein **Flüssigkeitsthermometer.** Seine Wirkungsweise beruht darauf, dass sich eine Flüssigkeit bei Temperaturänderung ausdehnt oder zusammenzieht. Je höher die Temperatur ist, desto höher steht die Flüssigkeitssäule im Anzeigeröhrchen.

■ Welche Temperatur zeigt das Flüssigkeitsthermometer rechts an?

Die Skala des Thermometers unten beginnt bei der Temperatur −20 °C und endet bei 110 °C. In diesem **Messbereich** können Temperaturen gemessen werden.
Der Abstand zwischen zwei Skalenstrichen beträgt 5 °C. Deshalb kannst du mit dem Thermometer auf 5 °C genau ablesen.
Als Thermometerflüssigkeit ist gefärbter Alkohol geeignet.

Aufgaben

1 _ Finde auf dem Thermometer, das auf Seite 60 abgebildet ist, folgende Temperaturen: 20 °C, deine Körpertemperatur, die Körpertemperatur einer Waldmaus, -10 °C und -15 °C.

2 _ Beim Baden von Säuglingen muss man sehr vorsichtig sein. Die Temperatur des Badewassers soll genauso hoch sein wie die normale Körpertemperatur des Menschen. Welche Temperatur muss das Badewasser haben? Wie kann man das überprüfen?

3 _ Hast du eine Idee, warum Wasser als Thermometerflüssigkeit für Außenthermometer nicht geeignet ist? Tauscht eure Ideen aus.

4 _ Bereite einen Vortrag über die Geschichte der Temperaturmessung vor. Nutze Nachschlagewerke und auch das Internet.

Wusstest du schon?

Drei Forscher und ihre Ideen

Temperaturangaben müssen jedem dasselbe sagen. Das gelingt mit Bezugspunkten, die überall auf der Welt gleich sind. Eis schmilzt im Norden bei derselben Temperatur wie im Süden und Wasser siedet in Rostock bei derselben Temperatur wie in Schwerin. Es gibt verschiedene Skalen:

Celsiusskala	Fahrenheitskala	Kelvinskala
	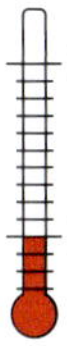	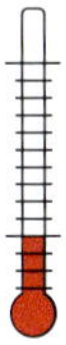
100 °C	212 °F	373 K
0 °C	32 °F	273 K

Der schwedische Forscher ANDERS CELSIUS (1701–1744) wählte die Temperaturen von schmelzendem Eis (0 °C) und siedendem Wasser (100 °C) und teilte den Abstand zwischen ihnen in 100 gleiche Teile.

Die **Celsiusskala** ist heute in den meisten Ländern verbreitet.

Ursprünglich hatte die Celsiusskala den Siedepunkt bei 0 °C und den Schmelzpunkt bei 100 °C. Um 1750 kehrte CARL VON LINNÉ die Skala um.

GABRIEL DANIEL FAHRENHEIT (1686 bis 1736) wollte negative Temperaturangaben vermeiden. Er wählte als Nullpunkt die Temperatur eines Gemischs aus Eis, Salmiak und Wasser: 0 °F (sprich: null Grad Fahrenheit). 0 °F entspricht -18 °C. Der andere Fixpunkt ist unsere Körpertemperatur (100 °F). Die **Fahrenheitskala** ist noch heute in den USA und Großbritannien weitverbreitet. Auch auf internationalen Flügen werden die Außentemperaturen häufig sowohl in °C als auch in °F angegeben.

LORD KELVIN (1834–1907), wie sich der berühmte englische Naturwissenschaftler WILLIAM THOMSON seit 1892 nennen durfte, entwickelte die **Kelvinskala.** Die tiefste mögliche Temperatur ist 0 K (sprich: null Kelvin).

So kannst du vorgehen

Darstellen und Auswerten von Messwerten in einem Diagramm

Bei vielen Experimenten wird gemessen. Die Messwerte werden in einer Tabelle erfasst und in einem Diagramm dargestellt.

Wie ändert sich die Temperatur von Wasser beim Erwärmen? Zeichne ein Diagramm mit den Messwerten und werte es aus.

Zeit t in min	0	1	2	3	4	5
Temperatur ϑ in °C	14	16	23	27	33	36

▸ Schritt 1

Zeichne ein Koordinatensystem.

Schreibe an die Achsen des Koordinatensystems die jeweilige physikalische Größe mit ihrer Einheit.

Zeitachse: 1 cm ≙ 1 min
Temperaturachse: 1 cm ≙ 10 °C

▸ Schritt 2

Trage die Messwerte ein.

Trage Messwerte, die zusammengehören, mit Bleistift in das Diagramm ein.

▸ Schritt 3

Zeichne die grafische Darstellung.

Lege durch die Wertepaare eine Gerade. Die Gerade kannst du zeichnen, weil sich das Wasser auch zwischen den Zeitmessungen erwärmt hat. Einzelne Messwerte können etwas „aus der Reihe tanzen". Wenn du selber keinen Fehler beim Zeichnen gemacht hast, kann ein Messfehler vorliegen.

▸ Schritt 4

Werte das Diagramm aus.

Beschreibe den Zusammenhang zwischen beiden physikalischen Größen.

Mit zunehmender Zeit steigt die Temperatur des Wassers gleichmäßig an.

Du kannst aus dem Diagramm auch Werte ablesen, die du gar nicht aufgenommen hast. Das Wasser hat z. B. nach 2,5 min eine Temperatur von 25 °C.

Die Gerade verläuft nicht durch den Koordinatenursprung.

Eintragen der Werte in ein Diagramm

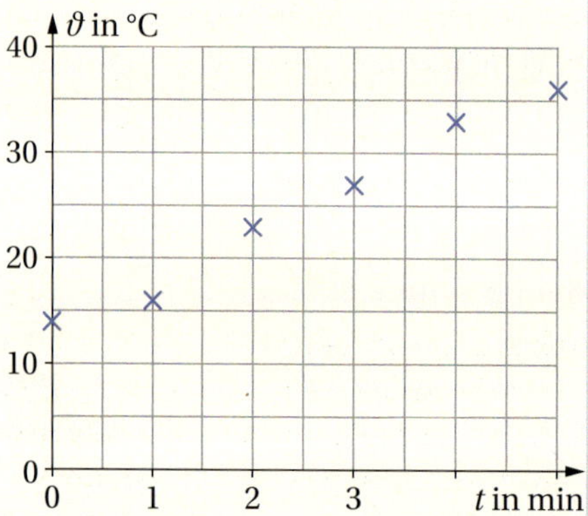

Zeichnen der Geraden

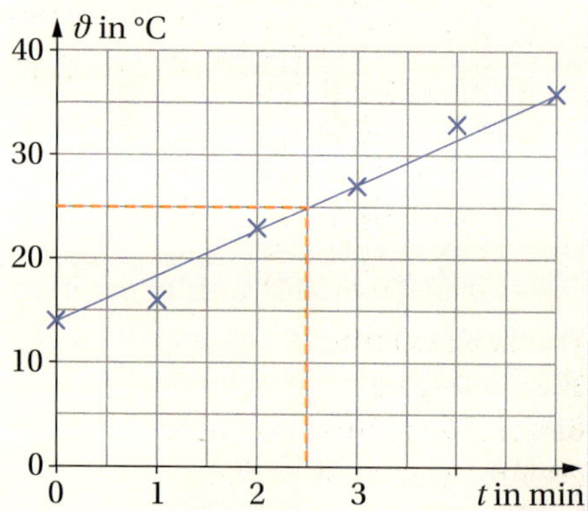

Wusstest du schon?

Thermometer für unterschiedliche Anwendungen

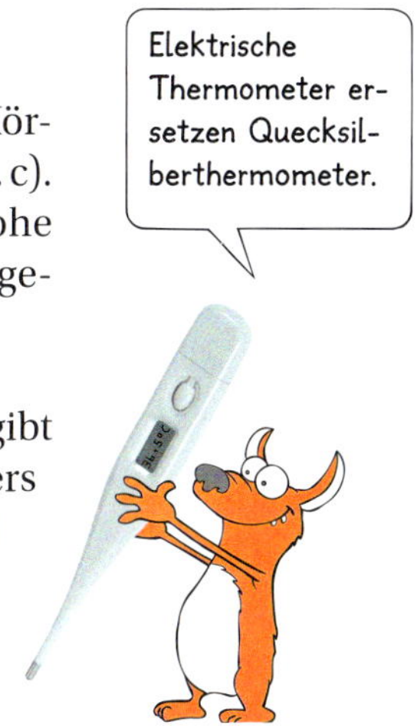

Je nach Verwendungszweck und Bauform gibt es unterschiedliche Thermometer. Sie unterscheiden sich nicht nur in ihrem Aufbau und ihrer Wirkungsweise, sondern vor allem auch in ihren Messbereichen.

Im Haushalt verwenden wir verschiedene Arten von Flüssigkeitsthermometern. Während **Zimmerthermometer** einen Messbereich zwischen -10 und 40 °C haben (↗ Abb. a), liegt er bei **Außenthermometern** zwischen -30 und 50 °C.
Kühlschrankthermometer messen die Temperatur im Innern eines Kühlschranks (↗ Abb. b). Ihr Messbereich geht bis -20 oder -30 °C.
Fieberthermometer sollen möglichst genau die Körpertemperatur messen. Der Messbereich dieser Thermometer liegt deshalb zwischen 35 und 42 °C, also im Bereich der normalen Körpertemperatur von 37 °C (↗ Abb. c). Fieberthermometer haben eine hohe Messgenauigkeit, mit der auf 0,1 °C genau abgelesen werden kann.

Neben Flüssigkeitsthermometern gibt es Thermometer, die völlig anders funktionieren. Weitverbreitet sind **Bimetallthermometer.** Genutzt wird bei solchen Thermometern die Veränderung der Krümmung eines Bimetallstreifens bei Temperaturänderung.
Zunehmend verwendet werden **elektrische Thermometer.**
Besonders interessant ist das **galileische Thermometer,** das GALILEO GALILEI (1564–1642) erfunden hat und dessen Wirkungsweise mit dem Auftrieb in Flüssigkeiten erklärt werden kann.

Thermometerarten

Flüssigkeitsthermometer:
Flüssigkeit verändert das Volumen bei Temperaturveränderung.

a)

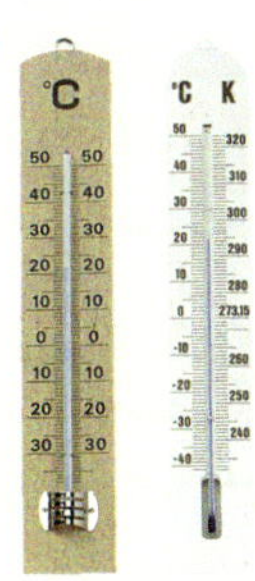

b)

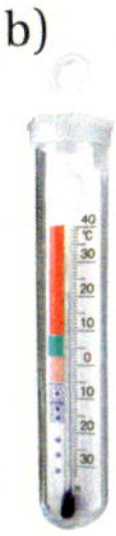

c)

Thermometer mit Thermofarben:
Bestimmte Stoffe wechseln mit der Temperatur ihre Farbe.

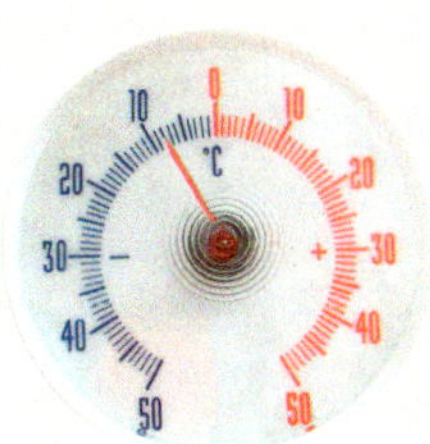

Bimetallthermometer:
Der Bimetallstreifen krümmt sich bei Temperaturveränderungen.

Thermometer nach Galilei:
Es nutzt den Auftrieb in Flüssigkeiten.

Erforsche es

Und nun zum Wetter ...

Kaum ein Thema findet bei allen Menschen so großes Interesse wie das Wetter. Natürlich interessiert dabei auch die Lufttemperatur.
Um Wettervorhersagen zu erstellen, beobachten die „Wetterfrösche“ das Wetter mit vielen Geräten in Wetterstationen an der Erdoberfläche. Sie nutzen auch Wettersonden und Wettersatelliten für Vorhersagen. Die Auswertung aller Daten geschieht mit Computern.

1. Messt mit verschiedenen Thermometern die Raumtemperatur. Orientiert euch dabei an den Schritten in der Abbildung unten, wie man zweckmäßigerweise beim Messen von Temperaturen vorgeht. Zeigen alle Thermometer dieselbe Temperatur an? Findet Gründe, wodurch Abweichungen entstanden sein können.

2. Erkundet, wie man in einer Wetterstation in der Nähe eures Wohnorts die Temperatur misst.

3. Überlegt euch eine Folge von Experimenten, in denen ihr die Lufttemperatur bei unterschiedlichen Bedingungen messt, z. B. bei Sonne, Schatten, Wind, Regen. Notiert die Messwerte und wertet sie aus. Fertigt ein Protokoll an. Orientiert euch dabei an „So kannst du vorgehen“ auf Seite 73.

Vorgehen beim Messen der Temperatur

1. Schätze die Temperatur des Körpers und wähle ein geeignetes Thermometer aus. Beachte den Messbereich des Thermometers und die Messgenauigkeit.
2. Bringe den Messfühler (z. B. das Thermometergefäß) in guten Kontakt mit dem Körper, dessen Temperatur gemessen werden soll.
3. Warte ab, bis sich die angezeigte Temperatur nicht mehr ändert.
4. Lies die Temperatur ab.

4. Untersucht den Temperaturverlauf der Luft während einer Woche.

Vorbereitung:
Informiert euch, wie ein Minimum-Maximum-Thermometer funktioniert. Nutzt das Internet.
Durchführung:
   a) Lest an jedem Wochentag die tiefste und die höchste Tagestemperatur ab.
   b) Messt außerdem während dieser Woche an jedem Tag immer um die gleiche Uhrzeit die Außentemperatur.

Auswertung:
   a) Tragt die Messwerte unterschiedlich farbig in ein Temperatur-Zeit-Diagramm ein.
   b) Was erkennt ihr aus diesem Diagramm?

5. Baut ein Flüssigkeitsthermometer und nutzt es für Messungen der Temperatur.
Vorbereitung:
Nutzt Anordnungen, wie sie in der Abbildung rechts unten dargestellt sind.
Durchführung:
   a) Taucht das jeweilige Thermometergefäß in ein Gemisch aus Wasser und Eis. Markiert als ersten Fixpunkt 0 °C, den Gefrierpunkt von Wasser.
   b) Stellt nun das Thermometergefäß in siedendes Wasser. Durch die heiße Heizplatte und das siedende Wasser besteht Verbrennungs- bzw. Verbrühungsgefahr!
   c) Markiert als zweiten Fixpunkt 100 °C, den Siedepunkt.
   d) Teilt den Abstand zwischen beiden Fixpunkten in zehn gleiche Teile. Die Temperaturskala, die ihr so erhaltet, hat eine Skaleneinteilung von jeweils 10 °C.
   e) Messt mit dem Thermometer die Temperatur von lauwarmem Wasser. Wartet einige Zeit, bis sich die Flüssigkeitssäule im Anzeigeröhrchen nicht mehr ändert.
   f) Bestimmt die Temperatur auch mit einem „richtigen“ Thermometer.

Auswertung:
Vergleicht die gemessenen Temperaturen. Bewertet die Genauigkeit des Thermometers.

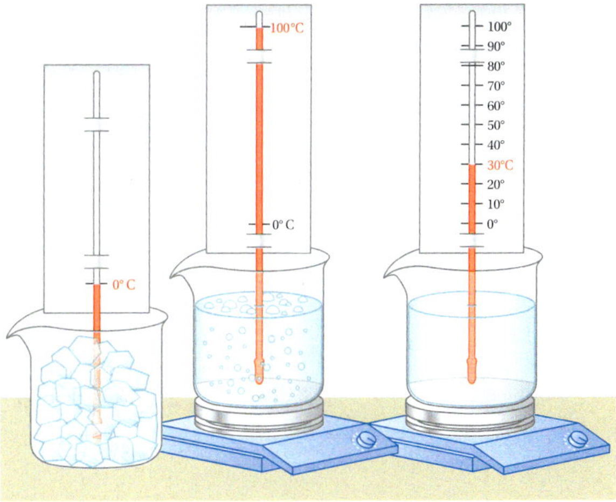

Das hast du gelernt

Volumenmessung

Jeder Körper nimmt ein bestimmtes **Volumen** ein.

Das Volumen *V* gibt an, wie groß der Raum ist, den ein Körper einnimmt.
Die Einheiten des Volumens sind:

1 m³, 1 cm³, 1 l, 1 ml

Das Volumen wird durch Berechnung oder Messung mit einem Messzylinder bestimmt.

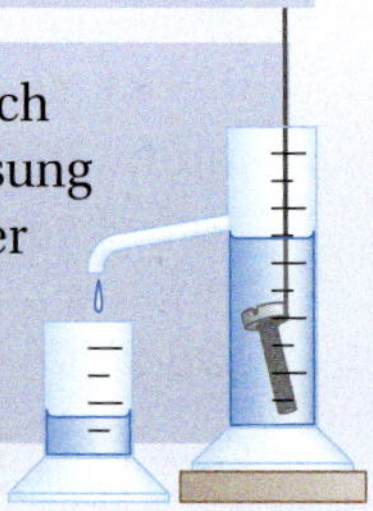

Temperatur und Temperaturmessung

Die **Temperatur** gibt an, wie warm oder wie kalt ein Körper ist.

Formelzeichen: ϑ

Einheit der Temperatur: 1 °C

Das Messgerät für die Temperatur ist das **Thermometer.**
Thermometer gibt es in unterschiedlichen Ausführungen.

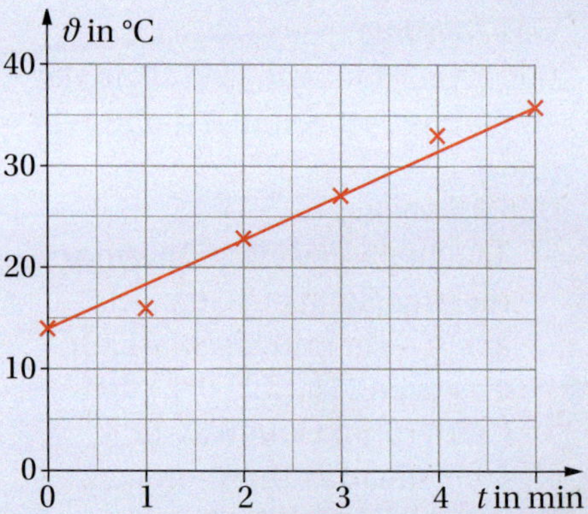

Löse mit Köpfchen

1. Tina und Sven

Tina will Sven testen. Sven soll die richtigen Aussagen ankreuzen. Das ist sein Ergebnis. Hat er recht?

1 000 cm^3 sind 10 l.	
Ein Würfel mit 10 cm Kantenlänge hat das Volumen 1 000 cm^3.	
6,8 l sind 68 000 cm^3.	
Das Volumen eines Körpers kann man mit einer Waage bestimmen.	X
Eine Flasche Saft hat ungefähr das Volumen 1 m^3.	
Ein randvoll gefülltes Wasserglas läuft über, wenn man einen Kieselstein hineinwirft.	X

2. Die Party

Anna Lucia hat drei Freundinnen eingeladen. Sie hat eine Flasche Limonade (1 l). Soll sie lieber die großen Gläser (0,33 l) oder die kleinen Gläser (0,2 l) verteilen?

3. Diagramme sind zweckmäßig

a) Werte das m-V-Diagramm aus.
↗ S. 62

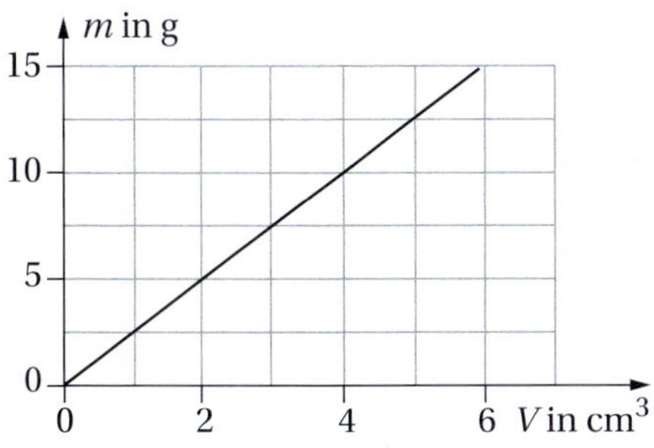

b) Lies die Masse für 2 cm^3 und 3 cm^3 und das Volumen für 5 g.

4. Auf Erkundungstour

Erkunde, was für Thermometer es bei dir zu Hause gibt. Fertige nach dem Muster eine Tabelle an.

Verwendungszweck	Messbereich	Messgenauigkeit
...	...	...

5. Ablesen – aber richtig!

Welche Temperaturen zeigen die Thermometer an? Was musst du beim Ablesen beachten?

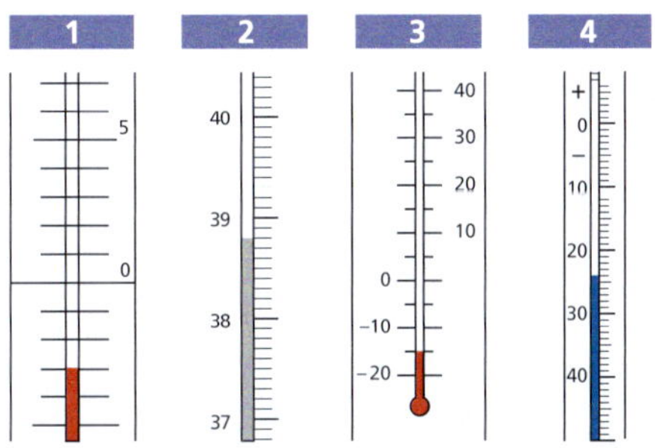

6. Siedendes Wasser für Tee

Wasser aus der Wasserleitung (15 °C) soll für Tee bis zum Sieden erhitzt werden.

Berechne, um wie viele Grad die Temperatur erhöht werden muss.

7. Aufgaben selbst erstellen

An einem Wintertag wird um 7 Uhr eine Temperatur von –8 °C gemessen. Mittags zeigt das Thermometer 4 °C an. Wie groß ist der Temperaturunterschied?

Denke dir selbst drei Aufgaben zur Berechnung von Temperaturdifferenzen aus und stelle sie deinen Mitschülern.

3 Teste dich selbst

Bei manchen Wahlantworten gibt es mehrere richtige Antworten. Die Lösungen findest du auf S. 121.

Wähle aus

1 Das Volumen eines Körpers wurde mit der Differenzmethode ermittelt. Die Messungen ergaben: $V_1 = 45$ ml, $V_2 = 80$ ml. Wie groß ist das Volumen des Körpers?

A 35 ml
B 45 cm^3
C 35 cm^3

2 Wie groß ist das Volumen der Flüssigkeit in jedem Messzylinder?

a) 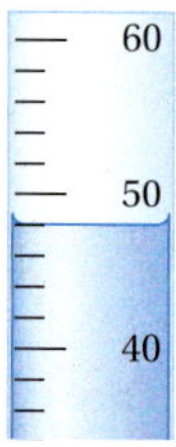

b) 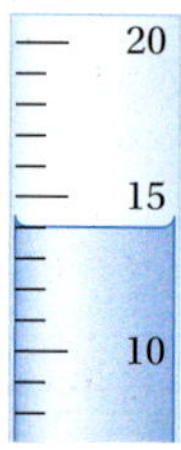

A 48 ml und 14 ml
B 44 ml und 14 ml
C 48 cm^3 und 14 cm^3

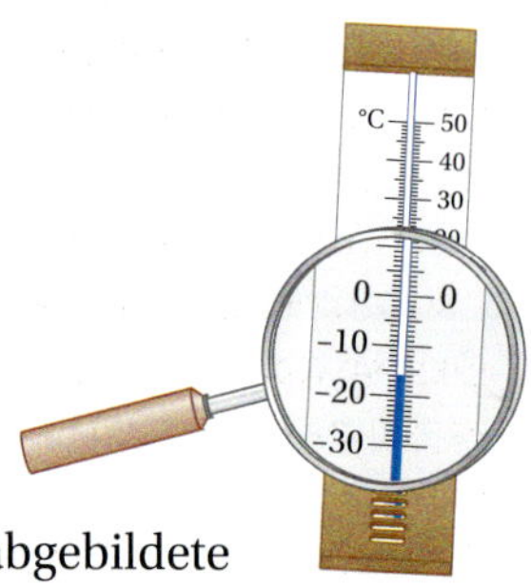

3 Das abgebildete Thermometer zeigt eine negative Temperatur an. Sie beträgt

A − 24 °C,
B − 16 °C,
C − 15 °C,
D − 25 °C.

4 Das Thermometer zeigt die Innen- und Außentemperatur an. Der Temperaturunterschied zwischen Innen und Außen beträgt

A 17,6 °C, weil 21,9 °C − 4,3 °C = 17,6 °C.
B 26,2 °C, weil 21,9 °C − (− 4,3 °C) = 26,2 °C.
C −26,2 °C, weil − 4,3 °C − 21,9 °C = − 26,2 °C.

5 Temperaturmessungen bei verschiedenen Vorgängen haben folgende Anfangs- und Endtemperaturen ergeben:

Anfangstemperatur ϑ_1 in °C	**Endtemperatur ϑ_2 in °C**
15	85
−5	13
32	−10
58	−88

Die Temperaturdifferenzen ($\vartheta_2 - \vartheta_1$) betragen jeweils

A 70 °C, 18 °C, − 42 °C und − 146 °C,
B 70 °C, 18 °C, 22 °C und 146 °C,
C −70 °C, 8 °C, − 42 °C und − 30 °C,
D 70 °C, 8 °C, 22 °C und 30 °C.

Beantworte ausführlich

1 Jana und Tim wollen das Volumen einer Tafel Schokolade bestimmen. Leider passt die Tafel nicht in den Messzylinder, den sie verwenden wollen, weil sie zu breit ist. Beschreibe, wie die beiden dennoch das Volumen der Schokoladentafel messen können.

2 Gib an, welches der abgebildeten Thermometer du für die Temperaturmessung in der jeweiligen Situation nutzen würdest. Begründe deine Wahl.

1 2 3 4

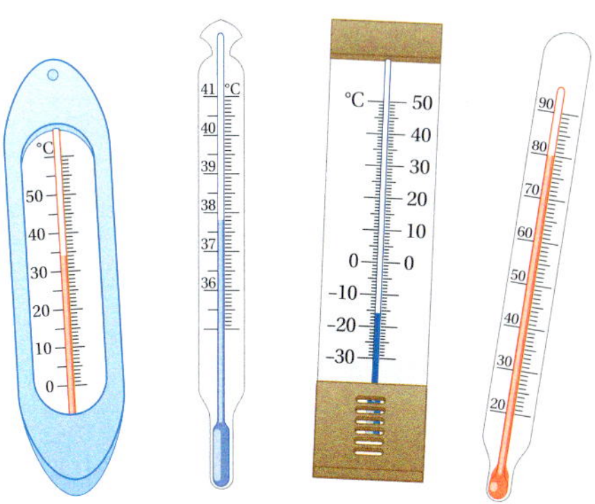

a) Temperatur in der Sauna
b) Körpertemperatur des Menschen
c) Außentemperatur der Luft
d) Temperatur im Tiefkühlfach des Kühlschranks
e) Temperatur von Badewasser

3 Ralf will das Volumen dieser Milchpackung rechnerisch bestimmen. Welches Messgerät würdest du ihm empfehlen?

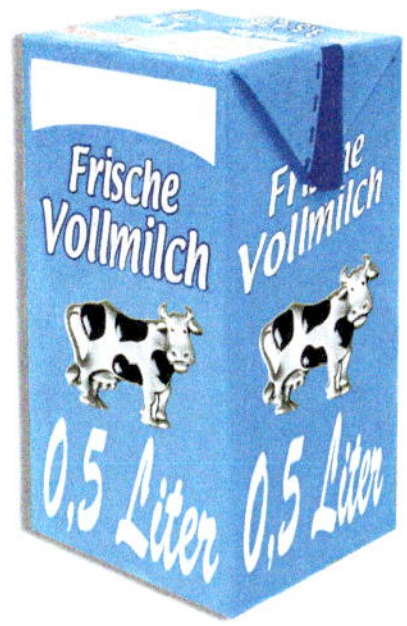

4 Denise interessiert, nach welchem Gesetz sich Flüssigkeiten abkühlen. Deshalb hat sie alle zwei Minuten die Temperatur von Tee in einer Tasse gemessen:

t **in min**	0	2	4	6	8	10
ϑ **in °C**	85	63	49	39	33	28

a) Stelle den Abkühlvorgang in einem Temperatur-Zeit-Diagramm ($\vartheta(t)$-Diagramm) dar.
b) Berechne die Temperaturänderung nach jeweils zwei Minuten.
c) Interpretiere das Diagramm.
d) Am nächsten Tag wiederholt Denise den Versuch bei einer geringeren Zimmertemperatur.
Werden sich die Messwerte ändern?
Stelle Vermutungen an.

4 Vom elektrischen Strom

1 Naturgewalt unter Kontrolle

In der Steinzeit erlangten die Menschen Kontrolle über das Feuer. Gegen Ende des 18. Jahrhunderts erlangten die Menschen die Kontrolle über den elektrischen Strom.
Welche Ähnlichkeiten erkennst du?

2 Stromausfall – und nun?

Habt ihr das schon erlebt? Diskutiert, wie sich euer Leben ohne elektrischen Strom ändern würde. Worauf könntet ihr verzichten, worauf auf keinen Fall?

3 Kleine gelbe Männchen?

Elektrischen Strom kannst du nicht sehen, weil du kein Sinnesorgan dafür hast. Beschreibe, wie du dir elektrischen Strom vorstellst.

4 Alleskönner Strom

Elektrischer Strom kann unterschiedliche Wirkungen haben. Finde diese Wirkungen in den Geräten, die dir täglich begegnen. Ordne die Geräte nach ihren Wirkungen.

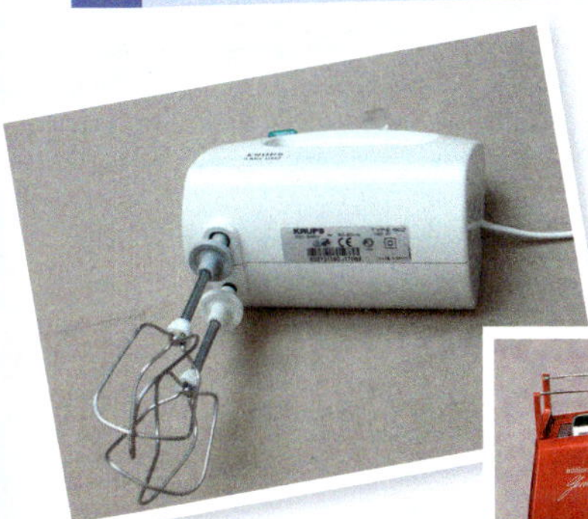

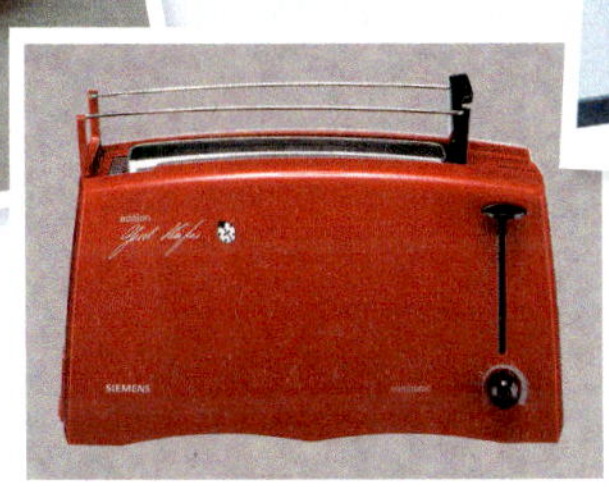

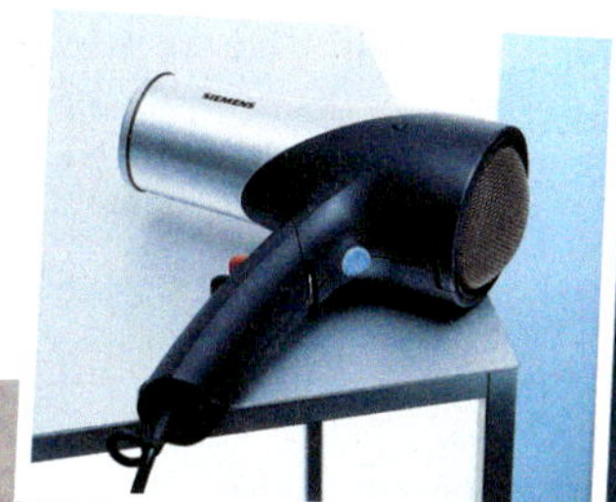

Sicherheit zuerst

Beim Umgang mit elektrischem Strom musst du Regeln einhalten. Welche sind das?

Regeln für einen sicheren Umgang mit elektrischem Strom

- Experimentiere niemals mit Spannungsquellen, die eine Spannung von 25 V und mehr haben!
- Berühre niemals die Pole einer Steckdose oder Kabel mit schadhafter Isolierung mit den Händen! Berühre sie auch nicht mit Gegenständen, die den Strom leiten, wie Minen von Bleistiften oder Kugelschreibern!
- Fasse elektrische Geräte niemals mit nassen Händen an!
- Ziehe Stecker nicht am Kabel aus der Steckdose, sondern am Stecker!
- Baue Experimente nur bei ausgeschalteter Spannungsquelle auf!
- Schalte Spannungsquellen erst ein, wenn die Lehrkraft den Aufbau der Schaltung überprüft hat!

Im Alltag nutzt du elektrischen Strom ganz selbstverständlich, jedoch musst du Regeln beachten, die mit seiner Nutzung verbunden sind. Nur so kannst du dich und andere vor Gefahren schützen.

Unser Körper leitet den elektrischen Strom. Deshalb kann es bei Stromfluss durch unseren Körper zu lebensgefährlichen Verletzungen kommen. Schon bei Spannungen von 25 V kann es gefährlich werden.

Wir haben kein Sinnesorgan für elektrischen Strom. Daher können wir ihn weder sehen noch hören oder riechen und müssen besonders vorsichtig sein.

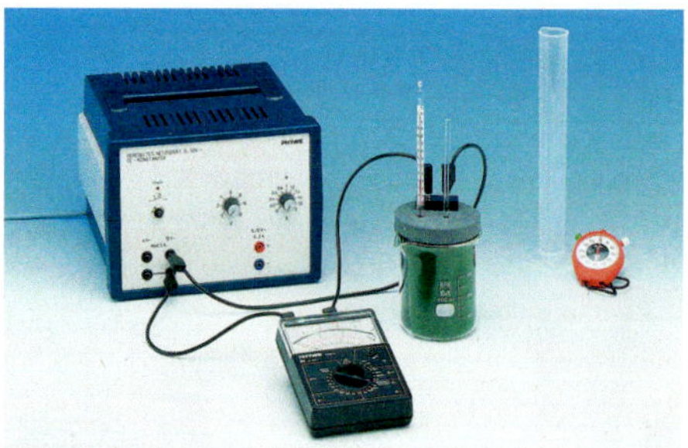

Wo lauern hier Gefahren?

So kannst du vorgehen

Protokolle anfertigen

Halte Wesentliches zu deinem Experiment schriftlich fest. Du sicherst damit deine Ergebnisse.

▶ Schritt 1

Übernimm die Aufgabenstellung.

Aufgabe:
Untersuche, wovon die Helligkeit eines Lämpchens abhängt.

▶ Schritt 2

Notiere nötige Vorbereitungen.

Dazu gehören die benötigten Geräte und Materialien.

Vorbereitung:
Geräte: drei Batterien, ein Lämpchen (6 V; 3 W) auf einem Schaltbrett, zwei Kabel, zwei Klemmen

▶ Schritt 3

Beschreibe die Durchführung.

Fertige gegebenenfalls Skizzen an.

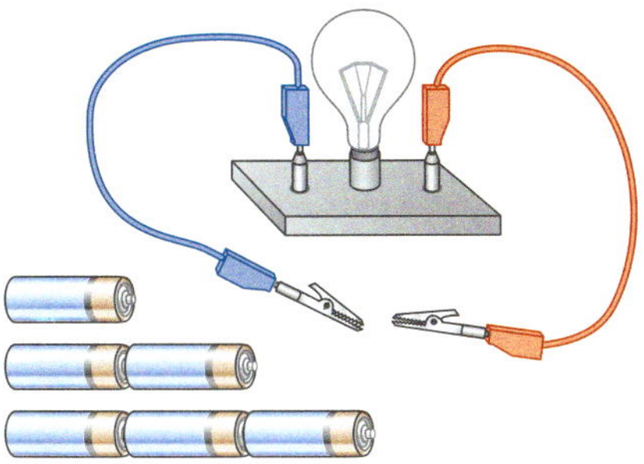

Durchführung:
a) Schließe das Lämpchen an eine, an zwei und an drei Batterien an.
b) Beobachte jeweils die Helligkeit des Lämpchens.

▶ Schritt 4

Halte die Beobachtungen bzw. Messungen fest.

Notiere das, was du beobachtest oder misst. Dabei helfen Tabellen und Skizzen.

Beobachtungen:

Anzahl der Batterien	Beobachtung
1	Das Lämpchen leuchtet nur schwach.
2	Das Lämpchen leuchtet etwas heller.
3	Das Lämpchen leuchtet noch heller.

▶ Schritt 5

Werte die Ergebnisse aus.

Deute deine Beobachtungen und Messungen. Leite daraus Schlussfolgerungen ab. Beziehe dich auf die Aufgabenstellung.

Auswertung:
Das Lämpchen leuchtet heller, wenn es an mehrere Batterien angeschlossen wird.

Wirkungen des elektrischen Stroms

Welche Wirkungen erkennst du in Geräten, die du im Alltag nutzt?

Ob Strom fließt, erkennst du nur an seinen Wirkungen. Auch alle Nachweismöglichkeiten für Strom beruhen auf seinen Wirkungen.
Viele Geräte nutzen die Wirkungen des elektrischen Stroms (↗ Übersicht S. 75).

Wärmewirkung und Lichtwirkung:
In Glühlampen heizt der Strom einen dünnen Draht so weit auf, dass er glüht und Licht aussendet. Dabei entsteht Wärme, die unerwünscht ist.

Leuchtdioden und Leuchtstofflampen wandeln elektrische Energie ebenfalls in Licht um. Es entsteht aber viel weniger Wärme.
In Wasserkochern, Kaffeemaschinen, Toastern und Bügeleisen befinden sich Drähte, die vom elektrischen Strom erhitzt werden. Hier ist die Wärmewirkung erwünscht.

Magnetische Wirkung:
In einem CD-Player bewirkt ein kleiner Elektromotor die Drehung der CD. In ihm wird die magnetische Wirkung des Stroms genutzt. Weitere Anwendungen sind Hebemagnete, elektrische Klingeln und elektrische Türöffner.

Chemische Wirkung:
Der Stromfluss in Flüssigkeiten ist immer mit einem Stofftransport verbunden. Das wird z. B. zur Oberflächenveredlung genutzt.
So werden Lenker von Fahrrädern mithilfe von elektrischem Strom verchromt.

> Elektrischer Strom hat eine magnetische Wirkung, eine Lichtwirkung, eine Wärmewirkung und eine chemische Wirkung.

Aufgabe

Welche Wirkung des elektrischen Stroms wird in einem Wasserkocher genutzt?

Elektrischer Strom kann unterschiedliche Wirkungen haben.

Der elektrische Strom in einer Leuchtstofflampe erzeugt Licht.	Der elektrische Strom in einem Bügeleisen erwärmt die Heizplatte.	Der elektrische Strom macht aus der Spule einen Elektromagneten.	Mit elektrischem Strom kann ein metallischer Gegenstand verkupfert werden.
	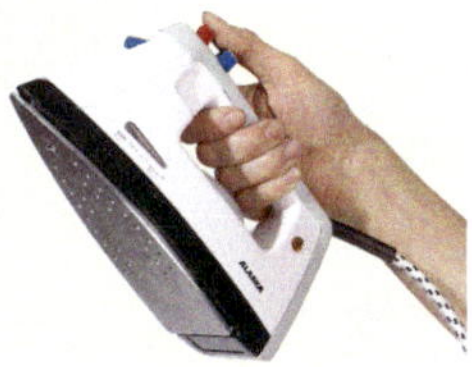	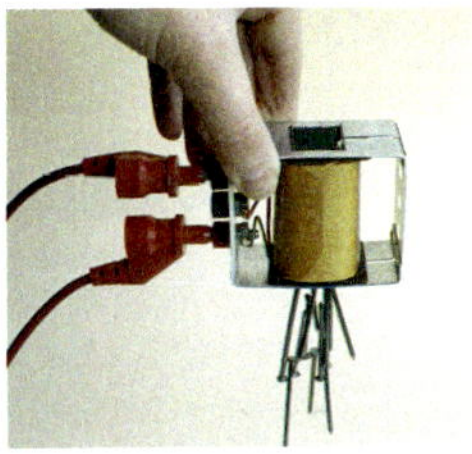	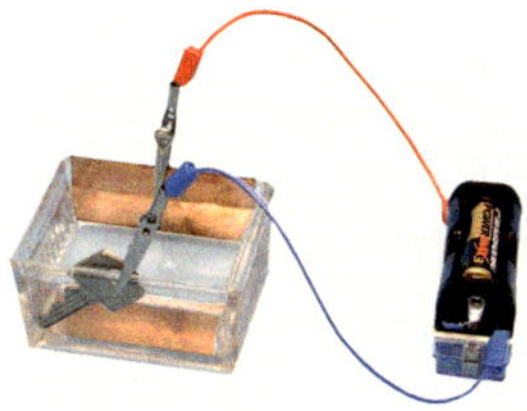
Der Strom hat eine Lichtwirkung.	Der Strom hat eine Wärmewirkung.	Der Strom hat eine magnetische Wirkung.	Der Strom hat eine chemische Wirkung.

Erforsche es

Was der Strom alles kann

1. Untersuche die Wirkungen von elektrischem Strom. Schließe an eine Batterie verschiedene Bauteile an.
   a) Verbinde eine Glühlampe wie in der Abbildung mit einer Batterie. Beobachte und berühre die Lampe.

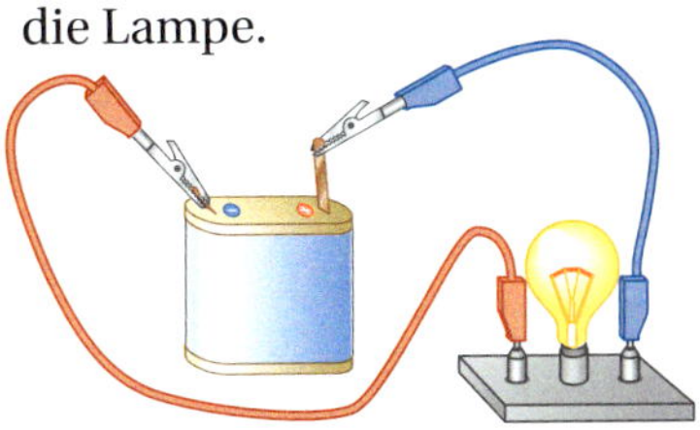

   b) Ersetze die Glühlampe durch eine Leuchtdiode (LED) mit Vorwiderstand. Den längeren Draht der Leuchtdiode musst du mit dem Pluspol der Batterie verbinden. ⊕

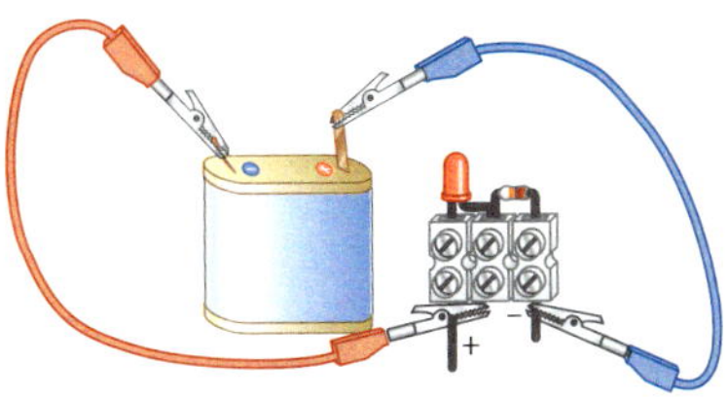

2. Baue das Experiment wie in der Abbildung auf. Nutze einen ca. 10 cm langen, dünnen Draht. Miss die Temperatur vor und nach dem Schließen des Stromkreises.

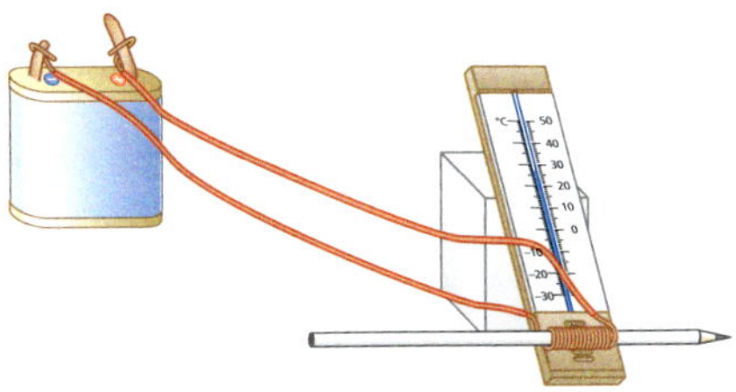

3. Wickle einen ca. 50 cm langen isolierten Draht um einen Stahlnagel. Halte den Nagel über verschiedene Eisenteile. Beschreibe deine Beobachtungen.

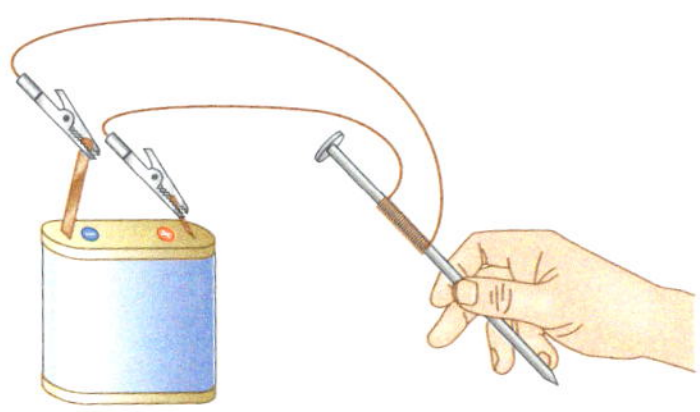

Beachte, dass du das zweite Kabelende nur kurz an die Batterie anschließen darfst.

Der elektrische Stromkreis

Nur wenn der Akku „richtig“ eingelegt wird, funktioniert der MP3-Player. Was bedeutet das?

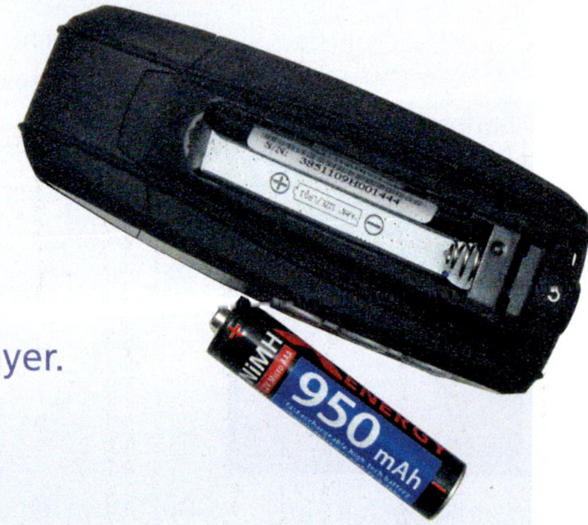

Ohne elektrische Energie funktioniert kein elektrisches Gerät. Um eine Glühlampe zum Leuchten zu bringen, musst du sie mit einer Batterie oder mit einem Netzgerät verbinden. Auch dein MP3-Player funktioniert nur mit Akkumulatoren, kurz Akkus genannt.

Damit dir Geräte wie ein Geschirrspüler mühselige Arbeit abnehmen, musst du den Gerätestecker in eine Steckdose stecken. In der Physik sagt man:
Es muss eine elektrische **Spannungsquelle** vorhanden sein, damit ein Gerät funktioniert.

Spannungsquellen werden auch elektrische Quellen oder Stromquellen genannt.

An jeder Batterie sind der Pluspol (+) und der Minuspol (–) deutlich gekennzeichnet.

Batterien und Akkumulatoren wandeln chemische Energie in elektrische Energie um. Aber Akkumulatoren können mit Ladegeräten wieder aufgeladen werden, Batterien dagegen nicht.

Eine Spannungsquelle allein reicht aber nicht aus. Das stellst du fest, wenn du die Experimente auf Seite 77 durchführst. Damit z. B. eine Lampe leuchtet, muss sie „richtig“ angeschlossen werden.

Verschiedene Spannungsquellen

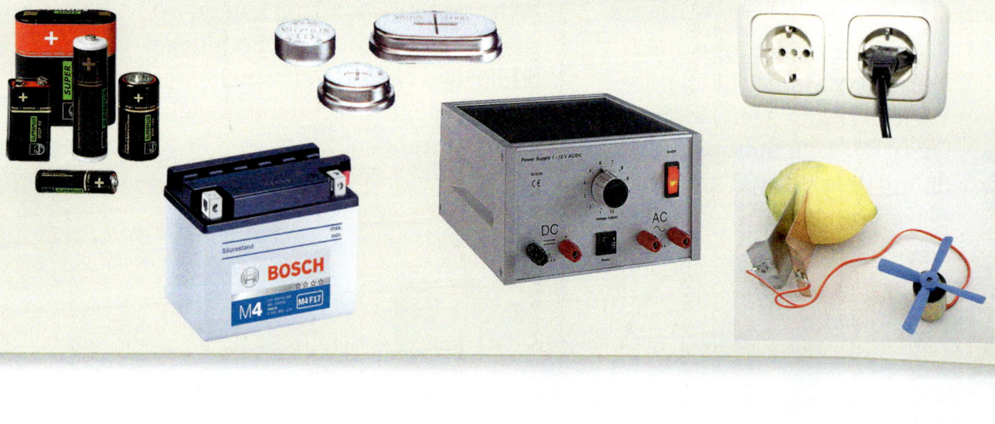

Erforsche es

Fahrradlampe intakt?

Untersuche, wie du mit einer Flachbatterie prüfen kannst, ob eine Lampe intakt ist. Baue den Versuch auf.

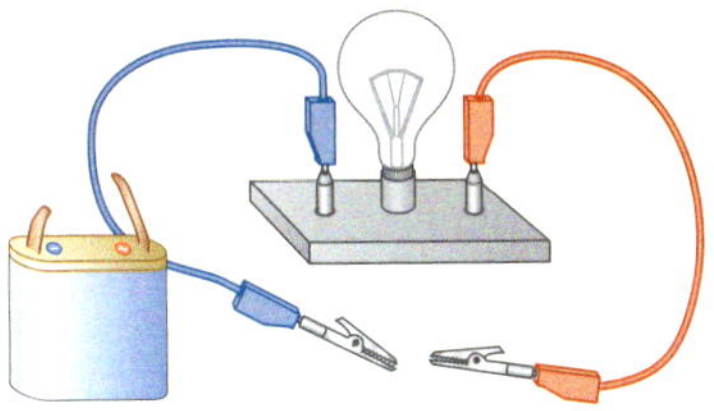

Verbinde die Kabel mit den Anschlüssen der Batterie. Vertausche die Anschlüsse.

Verwende anstelle der Flachbatterie ein Netzgerät. Baue den Versuch wie in der Abbildung auf. Lege eine Spannung von 4 V an. Drehe dann die Lampe etwas aus der Fassung heraus.

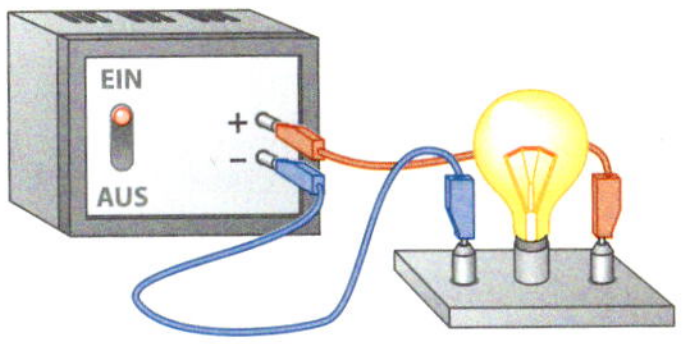

Fasse zusammen:
Unter welchen Bedingungen leuchtet eine Lampe?

Jede Spannungsquelle und jedes elektrische Gerät, auch eine Lampe, hat zwei Anschlüsse. Die beiden Anschlüsse der Lampe müssen so wie in der Abbildung unten mit den beiden Anschlüssen der Spannungsquelle, den **Polen,** verbunden sein.
Von einem Pol der Batterie führt ein Kabel zu einem der beiden Anschlüsse der Lampe, dem Fußkontakt. Vom anderen Anschluss, dem Lampensockel, führt ein Kabel zurück zum anderen Pol der Batterie. Der Stromkreis ist geschlossen.

Ist der Stromkreis unterbrochen, leuchtet die Lampe nicht.

> Eine Lampe leuchtet, wenn beide Kontakte mit je einem Pol der Spannungsquelle verbunden sind. Der Stromkreis ist dann geschlossen.

Bei einer Glühlampe kommt es nicht darauf an, welcher Pol mit dem Fußkontakt verbunden ist.
Ein batteriebetriebenes Gerät funktioniert dagegen nur bei richtiger Polung.

Beim MP3-Player wird die Polung der Batterie im Batteriefach angezeigt.

a)

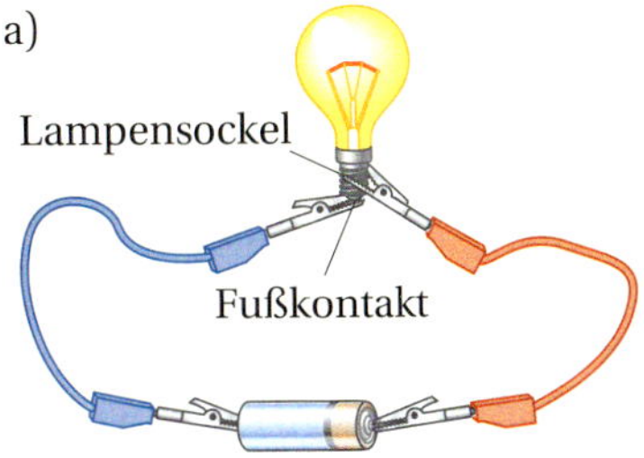

b)

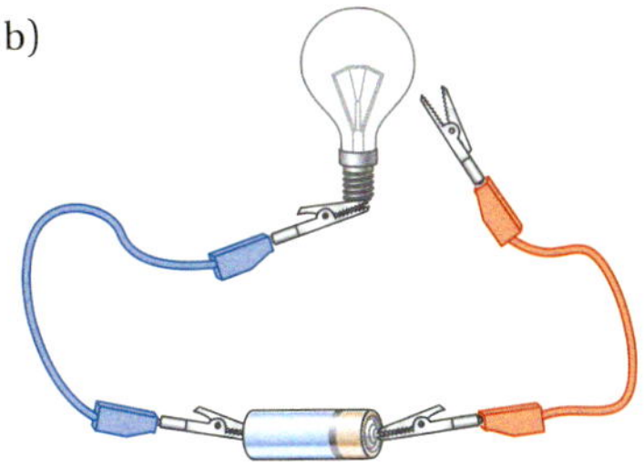

Beschreibe einen geschlossenen (a) und einen unterbrochenen (b) Stromkreis.

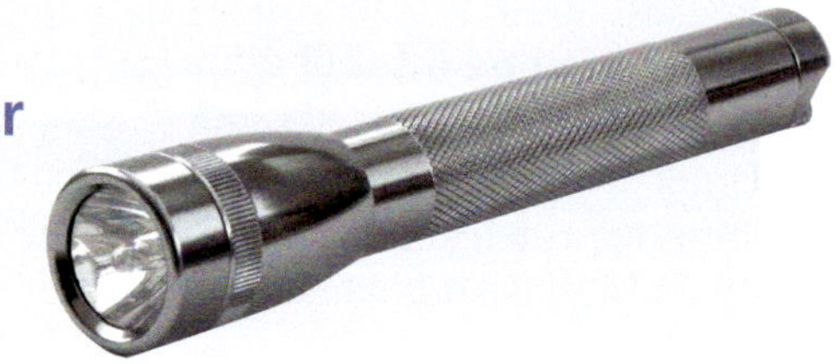

Leiter und Nichtleiter

Einige Taschenlampen sind aus Kunststoff, andere aus Metall. Ist das Material wichtig für die Funktion?

Erforsche es

Baue einen Stromkreis auf, mit dem du überprüfen kannst, welche Gegenstände aus deiner Federtasche elektrischen Strom leiten.

a) Trenne dazu einen einfachen Stromkreis an einer Stelle auf. Schließe ein drittes Kabel an. Wenn du die beiden offenen Kabelenden zusammenhältst, leuchtet die Lampe.

b) Halte nun die Kabelenden an verschiedene Gegenstände.

Nutze z. B. Füller, Lineal, Bleistift, Bleistiftmine, Radiergummi, Reißverschluss.

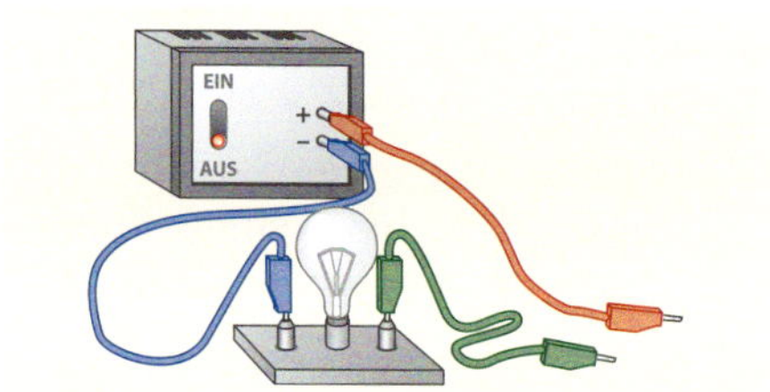

c) Lege eine Tabelle an:

Körper	Stoff, aus dem der Körper besteht	Leitet der Stoff? Ja	Nein
Lineal			
…			

Einige Stoffe leiten den elektrischen Strom gut, andere Stoffe weniger gut oder überhaupt nicht.

Alle Metalle sind **Leiter.** Körper aus Kupfer und Aluminium leiten den elektrischen Strom besonders gut.

- Warum werden Kupfer und Aluminium für elektrische Kabel genutzt?

Salzlösungen leiten den Strom ebenfalls. Das gilt auch für unsere Körperflüssigkeiten. Deshalb kann der menschliche Körper Strom leiten.

Es gibt auch viele **Nichtleiter** (Isolatoren). Keramik, Kunststoff (z. B. Plastik oder Lack), Glas, Gummi, Luft und destilliertes Wasser sind Nichtleiter.

- Warum werden Gummi und Plastik zur Isolation von Kabeln genutzt?

Stoffe, die den elektrischen Strom leiten, heißen Leiter.
Stoffe, die den elektrischen Strom nicht leiten, heißen Nichtleiter.

Elektrische Stromkreise werden in **Schaltplänen** vereinfacht und übersichtlich dargestellt. Für einzelne Bauteile und Geräte gibt es **Schaltzeichen.** In den meisten elektrischen Stromkreisen ist ein Schalter eingebaut, mit dem der Stromkreis geschlossen oder geöffnet werden kann.
Bauteile und Geräte in Stromkreisen heißen elektrische **Verbraucher.** Dazu gehören z. B. Widerstände und Motoren.

Schaltzeichen	Bauteil
Spannungsquelle (allgemein) Spannungsquelle (Batterie) − +	
Lichtquelle	
Elektromotor (M)	
Widerstand	
Sicherung	
Leitungen, Kabel: gekreuzt ohne Verbindung Abzweig	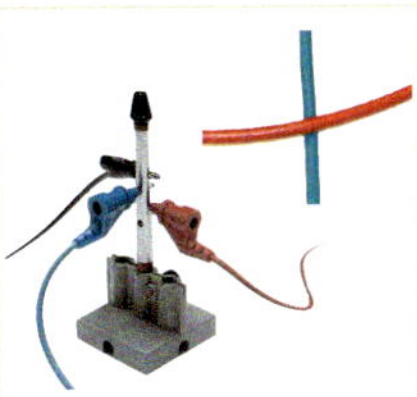
Schalter: geöffnet geschlossen	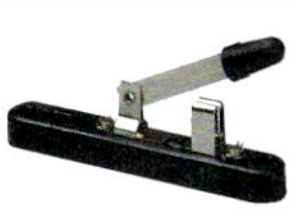

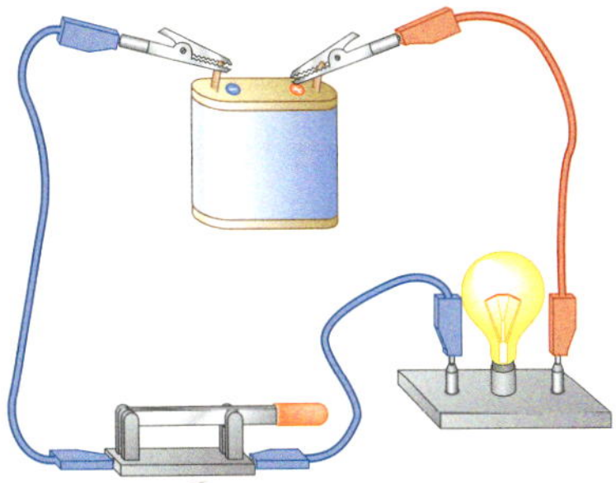

Zeichne einen Schaltplan für einen geöffneten Stromkreis.

Aufgaben

1 Beschreibe den Aufbau eines Elektrokabels. Verwende die Begriffe Leiter und Isolator.
Begründe, warum die elektrischen Leitungen auch gegeneinander isoliert sind.

2 Weise nach, dass Wasser den elektrischen Strom leitet. Probiere es mit Stahlnägeln selbst aus. Tauche die Nägel in Leitungswasser und Salzwasser. Vor dem Einschalten überprüft dein Lehrer den Stromkreis.

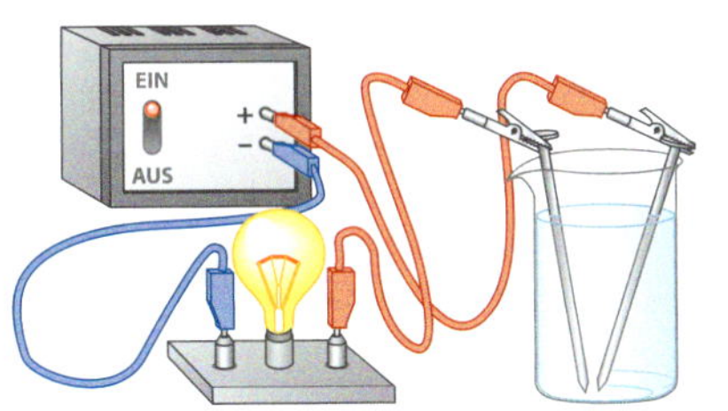

Leite aus deinen Beobachtungen ab, warum es lebensgefährlich ist, sich in der Badewanne die Haare zu föhnen.

Trick mit Rahmen und Gehäuse

Nur in einem geschlossenen Stromkreis fließt elektrischer Strom. Warum ist dann aber an diesem Rücklicht nur ein einziges Kabel angeschlossen?

Erforsche es

1. Baue einen Stromkreis mit einer Batterie und einer Lampe auf, in dem Lampe und Batterie nur mit einem Kabel verbunden sind. Schließe den Stromkreis mit einer Stativstange. Beschreibe deine Beobachtung, wenn du die Klemmen an der Stativstange entlangbewegst.

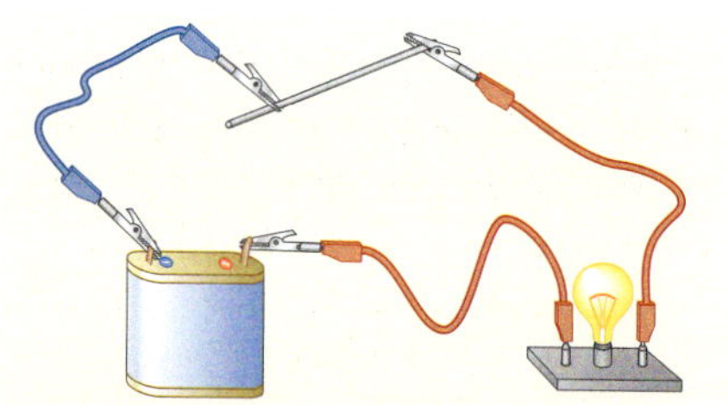

2. Erkläre mit deinem Ergebnis aus Versuch 1 und der Abbildung unten die Wirkungsweise einer Taschenlampe mit Metallgehäuse.

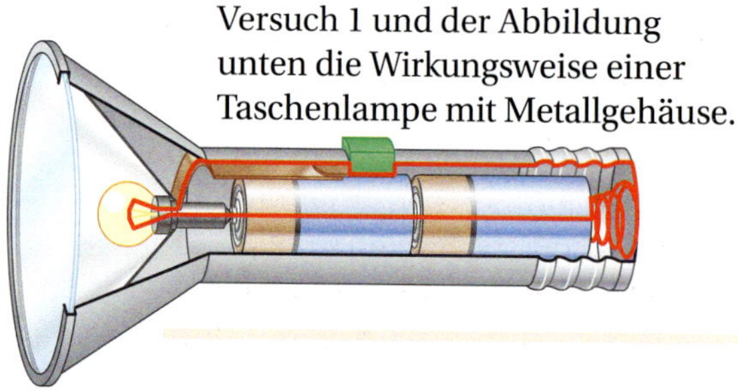

Bei vielen Fahrrädern sorgt ein Dynamo dafür, dass der Scheinwerfer und das Rücklicht bei Dunkelheit leuchten. Häufig geht nur ein Kabel vom Dynamo zum Rücklicht und auch nur ein Kabel vom Dynamo zum Scheinwerfer. Bei elektrischen Stromkreisen, die du bisher kennengelernt hast, verbinden zwei Kabel die Spannungsquelle mit der Lampe.

Der Stromkreis am Fahrrad ist aber nur scheinbar nicht geschlossen. Lampen und Dynamo sind leitend mit dem Fahrradrahmen verbunden. Der **Rahmen** schließt den Stromkreis.

Ähnliches gilt für eine Taschenlampe: Der eine Pol der Batterie ist direkt mit der Lampe verbunden. Die Rückleitung zum anderen Ende der Batterie übernimmt das **Metallgehäuse.**

Ein Stromkreis kann über einen Rahmen oder ein Gehäuse geschlossen werden.

- Warum ist in Taschenlampen aus Kunststoff eine Rückleitung?

Bei einem herkömmlichen Dynamo wie oben führt das eine Kabel zum Scheinwerfer, das andere zum Rücklicht. Der Rahmen schließt den Stromkreis.

Bei Fahrrädern mit einem Nabendynamo wie oben rechts führen beide Kabel direkt zum Scheinwerfer. Das Rücklicht ist parallel zum Scheinwerfer geschaltet.

Falls die Fahrradbeleuchtung einmal nicht richtig funktioniert, kann das verschiedene Ursachen haben. Bei der Fehlersuche hilft dir diese Liste:

Fehlersuche bei der Fahrradbeleuchtung

- Sind die Kabel unbeschädigt und richtig angeschlossen?
- Ist eine Lampe lose oder defekt?
- Liegt der Dynamo fest genug an der Bereifung an oder ist er defekt?
- Sind alle Verbindungen zum Rahmen fest und rostfrei?

Aufgaben

1 Erkläre, warum eine Fahrradlampe fest mit dem Fahrrad verbunden sein muss. ↗ S. 29

2 Bewerte für einen herkömmlichen Dynamo und einen Nabendynamo die unterschiedlichen Arten, den elektrischen Stromkreis zu schließen. ↗ S. 31

3 Ein Stromkreis kann nicht nur über einen Rahmen oder ein Gehäuse geschlossen werden, sondern auch über den Erdboden. Begründe, warum Arbeiter, die an elektrischen Anlagen arbeiten, Schuhe aus Gummi tragen sollten.

4 Zeichne den Schaltplan einer Taschenlampe mit zwei Batterien und geöffnetem Schalter.

5 Überlege, warum es ungefährlich ist, eine Taschenlampe zu berühren, bei der elektrischer Strom durch das Metallgehäuse fließt.

Mit Schaltern ist vieles möglich

Eine Heckenschere läuft nur an, wenn die Griffe mit beiden Händen gefasst werden. Wie müssen die Schalter verbunden sein?

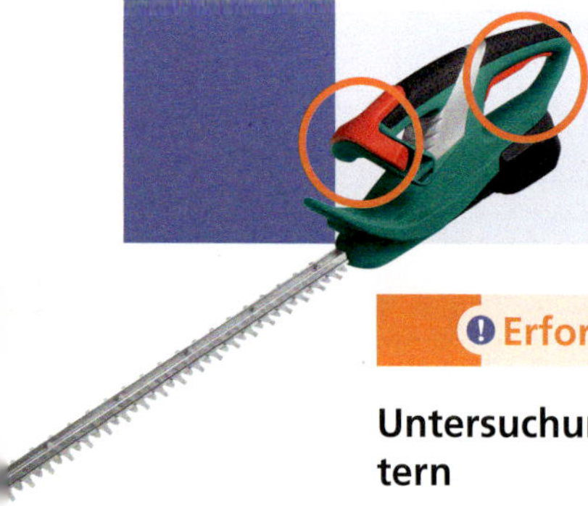

Erforsche es

Untersuchungen mit zwei Schaltern

Baue einen Stromkreis mit einer Reihenschaltung und danach mit einer Parallelschaltung von zwei Schaltern und einer Lampe auf.

Reihenschaltung

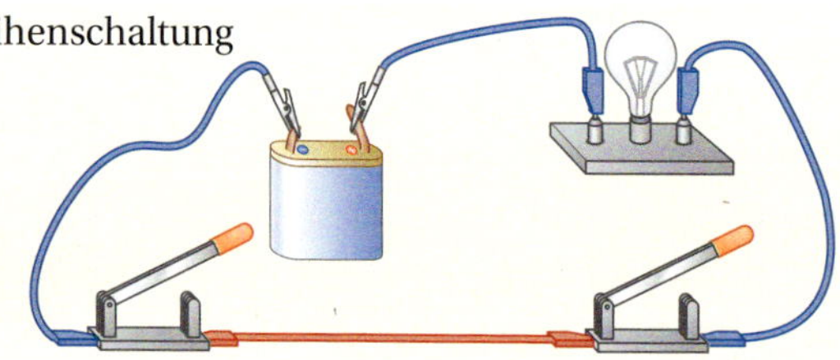

a) Untersuche in beiden Fällen, was passiert, wenn einer der beiden Schalter geschlossen ist und du den anderen Schalter betätigst.
b) Ziehe Schlüsse für die Schaltung in einer Heckenschere. Stelle zunächst eine Vermutung auf, um sie dann im Experiment zu überprüfen.
c) Protokolliere dein Vorgehen. Orientiere dich dabei an Seite 73.

UND-Schaltung: Bei dieser Schaltung sind zwei Schalter in Reihe geschaltet.

Bei einer **Reihenschaltung** von zwei Schaltern ist der Stromkreis geschlossen, wenn beide Schalter geschlossen sind.

Damit bei einer Heckenschere der Motor läuft, muss jede Hand einen Schalter an einem der Handgriffe drücken. So kommen die Hände nicht in die Schere.
Bei einer Waschmaschine ist der gut sichtbare Geräteschalter mit einem versteckten Türschalter in Reihe geschaltet. Die Maschine startet erst, wenn der Geräteschalter angeschaltet **und** die Tür geschlossen ist.

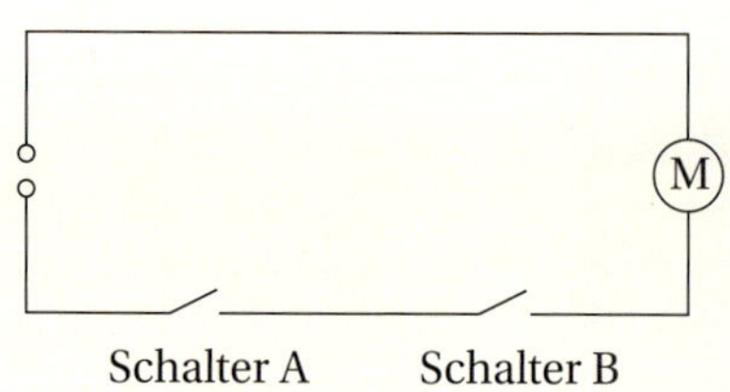

■ Begründe, dass der Motor läuft, wenn Schalter A **und** B geschlossen sind.

Erforsche es

Wechselschalter – ein Schalter mit drei Anschlüssen

1. Baue einen Wechselschalter mit einfachen Mitteln wie in der Abbildung.

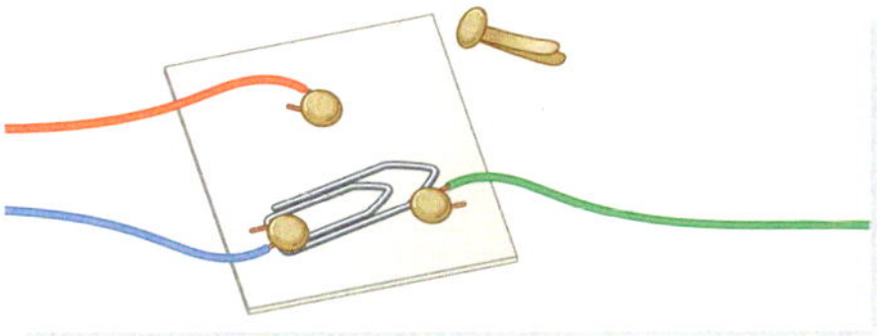

2. Plane ein Experiment, mit dem du mit einem Wechselschalter jeweils eine von zwei Lampen in einem Stromkreis ein- und ausschalten kannst.
   Verwende deinen selbst gebauten Wechselschalter, zwei Glühlampen und eine Batterie. Führe das Experiment durch.

ODER-Schaltung: Bei dieser Schaltung sind zwei Schalter parallel geschaltet. Bei deinen Untersuchungen im Experiment auf Seite 82 hast du Folgendes herausgefunden:

> Bei einer **Parallelschaltung** von zwei Schaltern ist der Stromkreis geschlossen, wenn der eine **oder** der andere **oder** beide Schalter geschlossen sind.

Mit einer ODER-Schaltung kann z. B. die Klingel in einem Wohnhaus sowohl von der Haustür als auch von der Wohnungstür aus betätigt werden. Die Klingel läutet, wenn einer der beiden Schalter betätigt wird.

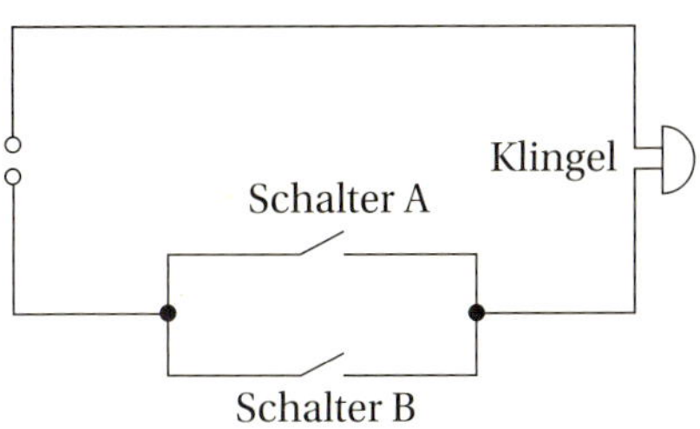

■ Begründe, dass die Klingel läutet, wenn A, B **oder** beide betätigt werden.

Wechselschaltung: Das ist eine Schaltung mit zwei Wechselschaltern. Diese sind in Reihe mit einer Spannungsquelle und einer Lampe geschaltet. Jeweils zwei Schalter sind miteinander verbunden. Mit dem einen Schalter kann der Stromkreis unterbrochen und mit dem anderen wieder geschlossen werden. Diese beiden Schalter sind z. B. oben und unten in einem Treppenhaus.

Aufgaben

1 Eine UND-Schaltung heißt auch Sicherheitsschaltung. Begründe am Beispiel der Heckenschere, dass diese Bezeichnung treffend gewählt ist.

2 Vergleiche deinen selbst gebauten Wechselschalter mit einem industriell hergestellten Wechselschalter und dem Schaltsymbol.

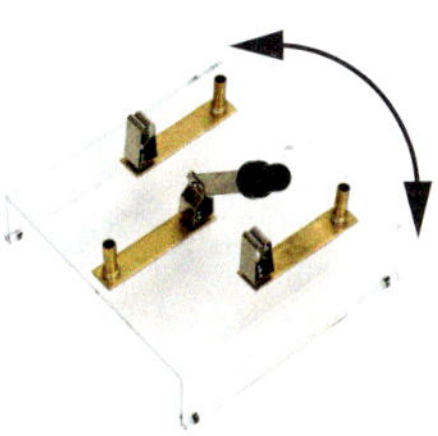

Sicherungen – gewünschte Unterbrechungen

Eben funktionierte die Mikrowelle noch. Und die Lampe ist auch aus – ein untrügliches Zeichen dafür, dass eine Sicherung „herausgesprungen" ist.

Der Kurzschluss

Stell dir vor, in einem Elektrokabel gibt es eine schadhafte Isolierung: Die beiden Kupferkabel berühren sich. Dies könnte passieren, wenn du mit einem Rasenmäher versehentlich über das Elektrokabel fährst und es durchtrennst.

Der elektrische Strom fließt dann direkt von einem Pol der elektrischen Quelle zum anderen Pol und nicht durch den Verbraucher (Rasenmäher). Es liegt ein **Kurzschluss** vor.
Bei einem Kurzschluss arbeitet der Verbraucher nicht mehr. Der Strom im Stromkreis wird sehr groß.

Aufgrund der Wärmewirkung könnten bei einem Kurzschluss die elektrischen Leitungen so heiß werden, dass ein Brand entsteht.

Elektrische Anlagen und elektrische Geräte werden deshalb mit **Sicherungen** gegen die Folgen eines Kurzschlusses geschützt.
In Schmelzsicherungen befindet sich dazu ein dünner Draht. Er schmilzt bei einem Kurzschluss, bevor sich die elektrischen Kabel zu stark erwärmen.

- Sicherungen schützen uns vor den Folgen eines Kurzschlusses oder der Überlastung eines Stromkreises.

Kurzschluss

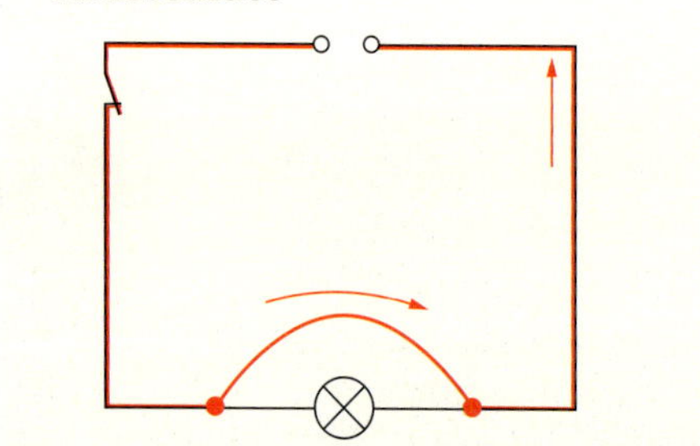

Schmelzsicherung

Abgesicherter Stromkreis

Damit eine Sicherung den Stromkreis unterbrechen kann, muss sie in einer Reihenschaltung in den Stromkreis eingefügt sein.

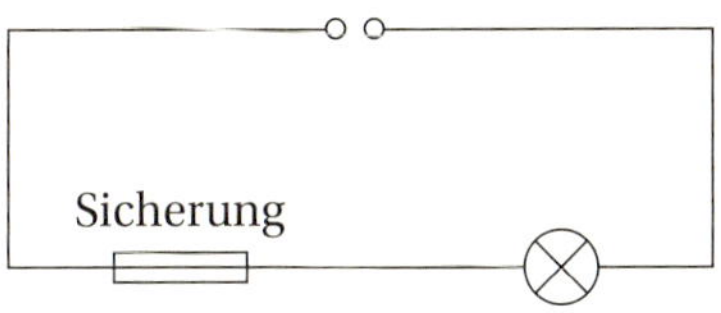

Die wichtigsten Arten von Sicherungen sind Schmelzsicherungen und Sicherungsautomaten.

Schmelzsicherungen werden hauptsächlich in elektrischen Geräten und beim Pkw verwendet.
Auch in älteren Wohnungen findet man zum Teil noch Sicherungskästen, in denen Schmelzsicherungen zur Absicherung der Steckdosen verwendet werden.

Sicherungsautomaten sind aufwendiger und teurer als Schmelzsicherungen. Sie haben aber den Vorteil, dass sie nicht kaputt gehen, wenn sie den Stromkreis unterbrechen. Nachdem der Kurzschluss behoben ist, kann man den Hebel am Sicherungsautomaten umlegen und der Stromkreis ist wieder geschlossen. In Wohnungen mit einer modernen Elektroinstallation sind die Sicherungskästen mit Sicherungsautomaten ausgerüstet.

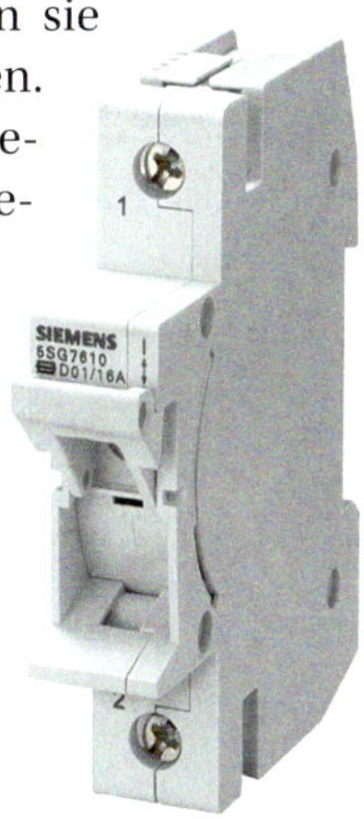

Aufgaben

1 Begründe, warum Sicherungen immer in Reihe zu einem Gerät zu schalten sind.
2 Wo wird bei euch zu Hause die Hauptsicherung ausgeschaltet?
3 Wiederhole, welche Regeln beim Umgang mit elektrischem Strom unbedingt einzuhalten sind.
4 Diskutiert, warum Sicherungen auf keinen Fall geflickt oder überbrückt werden dürfen.

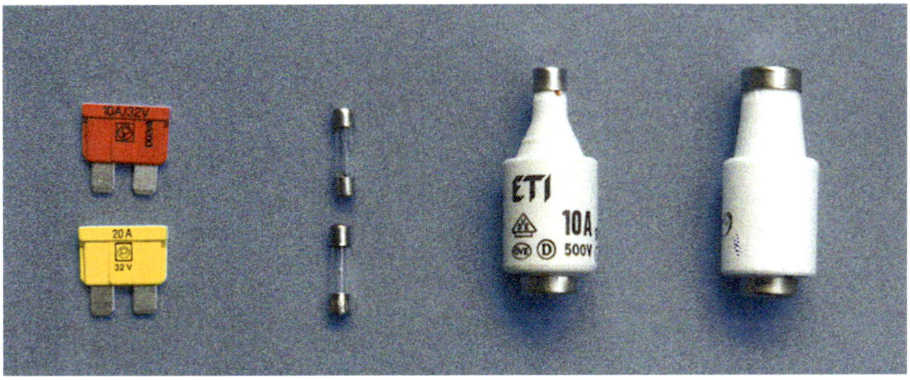

Das hast du gelernt

Vom elektrischen Strom

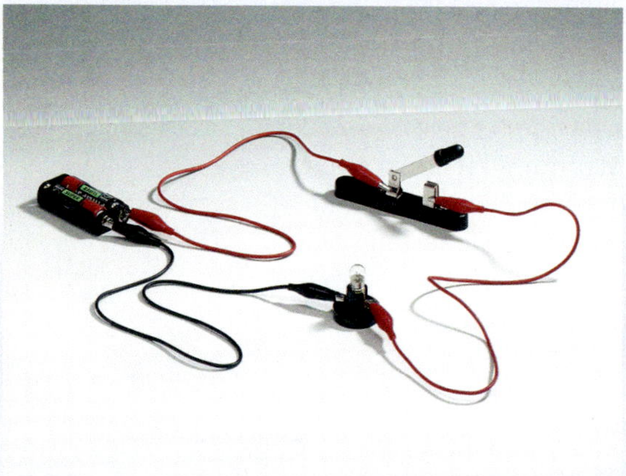

Der elektrische Strom ist nur an seinen Wirkungen zu erkennen.

Elektrischer Strom fließt nur in einem geschlossenen Stromkreis.

Elektrische Stromkreise werden in Schaltplänen vereinfacht und übersichtlich dargestellt.

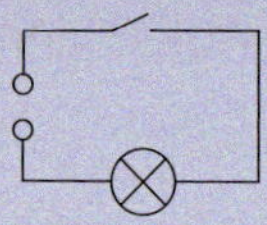

<table>
<tr><th colspan="2">Schalter und Verbraucher können hintereinander oder parallel zueinander geschaltet werden.</th></tr>
<tr><th>Reihenschaltung</th><th>Parallelschaltung</th></tr>
<tr><td>Die Schalter sind hintereinander angeordnet (UND-Schaltung).
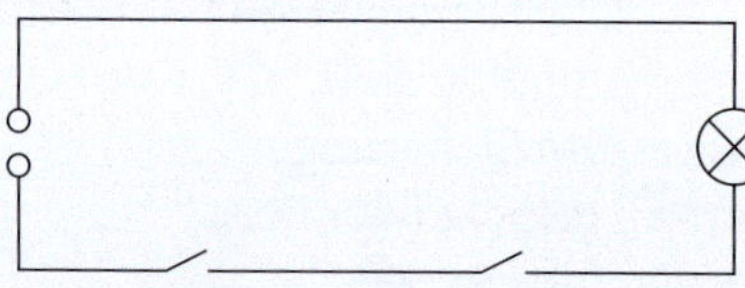
</td><td>Die Schalter sind parallel angeordnet (ODER-Schaltung).
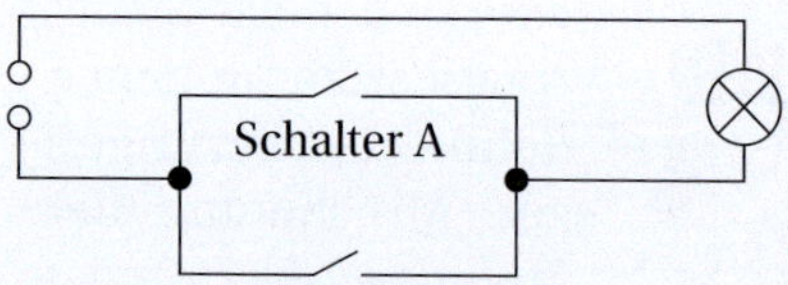
</td></tr>
</table>

Elektrische Leiter leiten den elektrischen Strom gut.
Beispiele: Metalle, Leitungswasser (Salzwasser), Kohlenstoff
Vorsicht: Auch der menschliche Körper leitet elektrischen Strom!

Nichtleiter leiten den elektrischen Strom schlecht oder gar nicht.
Beispiele: Keramik, Kunststoffe, Glas, Gummi, destilliertes Wasser

Löse mit Köpfchen

1. Expertenrat gefragt
An Emmas Fahrrad funktioniert das Licht nicht. Finn meint, dass der Dynamo defekt sei.
Diskutiert Finns Meinung. Hat er recht oder gibt es noch andere Fehlermöglichkeiten?

2. Von der Schaltung zum Schaltplan
Zeichne einen Schaltplan für diesen Versuchsaufbau:

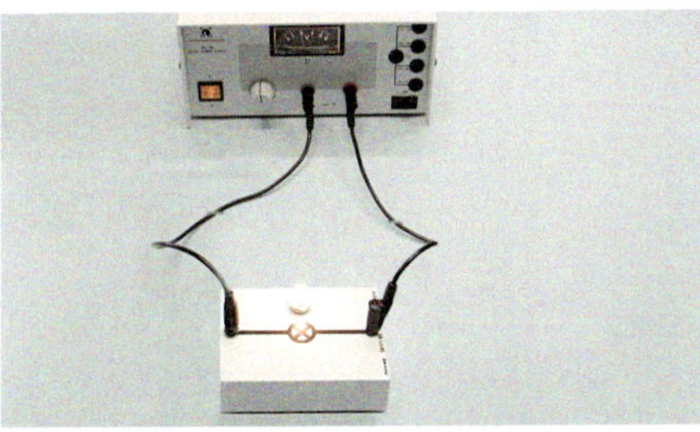

3. Strom wirkt verschieden
Welche Wirkungen des elektrischen Stroms werden bei den Geräten in den Abbildungen genutzt?

a

b
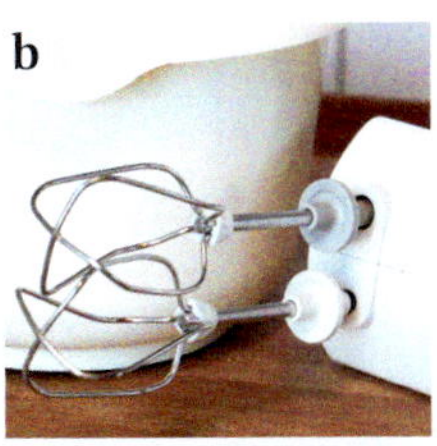

c

d

4. Suche nach der Sicherung
Erkunde, wo sich in eurem Haushalt der Sicherungskasten befindet. Wie kann die Hauptsicherung ausgeschaltet werden? Begründe, warum bei einem Stromunfall diese Kenntnis wichtig ist.

5. UND oder ODER?
Vergleicht UND- und ODER-Schaltungen. Wo werden sie angewendet?
Recherchiert auch im Internet und vergleicht eure Ergebnisse. ↗ S. 45

6. Schaltung für einen Föhn
Bei einem Föhn lassen sich Gebläse und Heizung getrennt einschalten.
Während die Heizung nie ohne das Gebläse laufen darf, kann das Gebläse mit oder ohne Heizung laufen.

a) Entwirf einen Schaltplan für einen solchen Föhn.
b) Probiere die Schaltung aus. Verwende für die Heizung z. B. eine rote und für das Gebläse eine grüne Lampe. ↗ S. 56

7. Eine Lampe fällt aus
Zwei Glühlampen sind an eine Spannungsquelle angeschlossen.
Was passiert, wenn jeweils eine der beiden Lampen ausfällt? Begründe.
↗ S. 56

a)
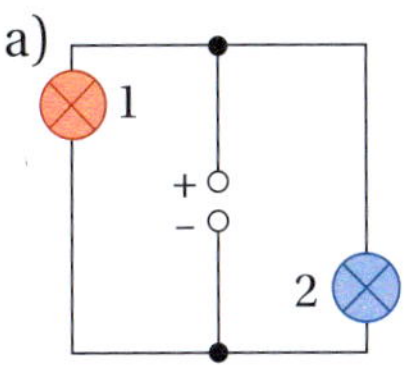

b)
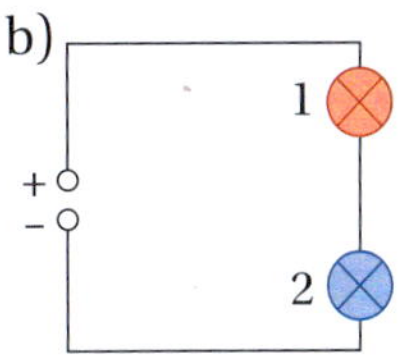

4 Teste dich selbst

Wähle aus

1 Entscheide: Nach welchem Schaltplan wurde die folgende Schaltung aufgebaut?

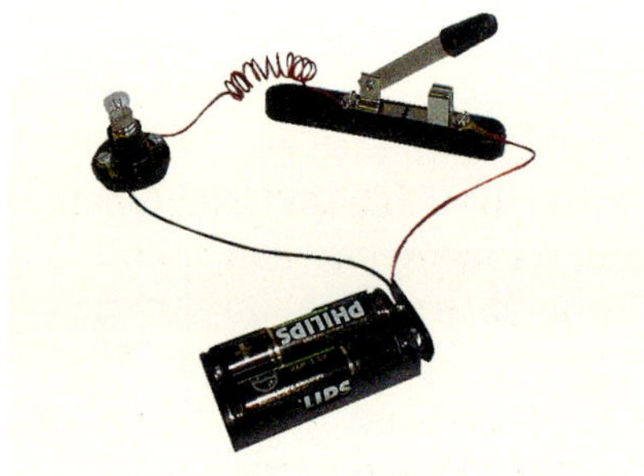

A

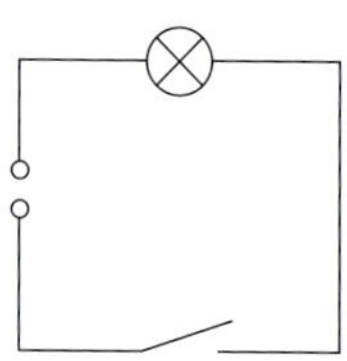

B

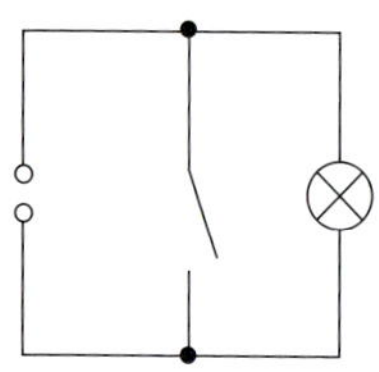

C

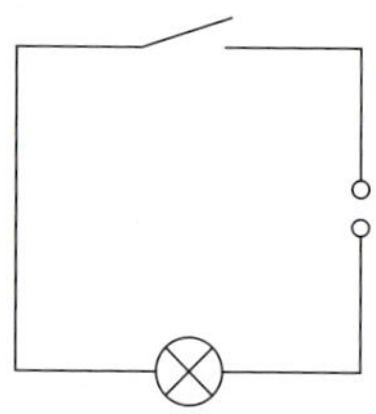

2 Für welche der abgebildeten Stromkreise trifft folgende Aussage zu:
Wird der Schalter geschlossen, dann fließt Strom im gesamten Stromkreis.

A

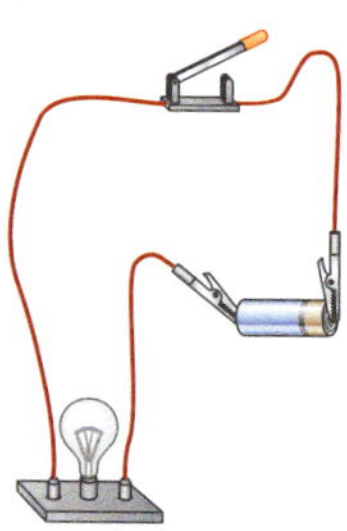

B

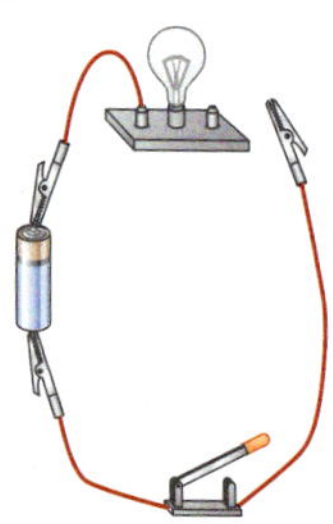

C

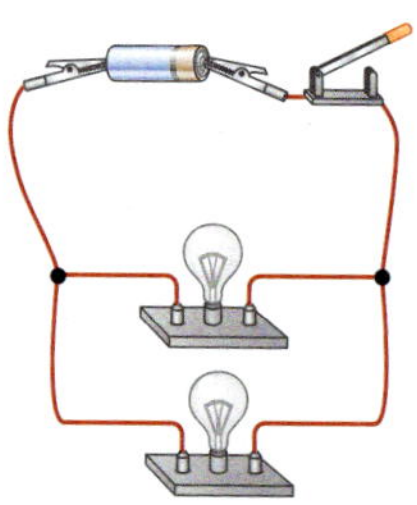

3 Körper, die elektrischen Strom gut leiten, heißen
- A Stromleiter,
- B Isolatoren,
- C elektrische Leiter,
- D Nichtleiter.

4 In der Abbildung sind zwei gleiche Lampen verwendet worden. Welche Aussage ist richtig?

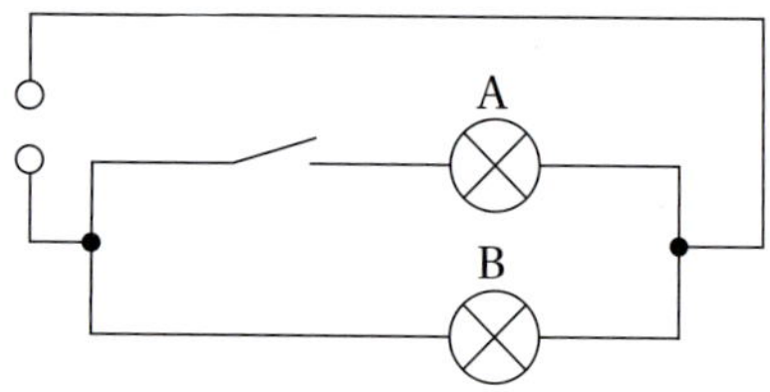

- A Wenn der Schalter geschlossen ist, leuchten beide Lampen.
- B Wenn der Schalter geschlossen ist, liegt ein Kurzschluss vor und keine Lampe leuchtet.
- C Wenn der Schalter geöffnet ist, leuchtet Lampe A nicht.
- D Wenn der Schalter geöffnet ist, ist der Stromkreis unterbrochen und keine Lampe leuchtet.
- E Wenn der Schalter geschlossen ist, leuchtet Lampe A.
- F Lampe B leuchtet auch, wenn der Schalter geöffnet ist.
- G Die Lampen A und B können nie gemeinsam leuchten.

Beantworte ausführlich

1 Die Geräte in der Abbildung nutzen die Wirkungen des elektrischen Stroms.
a) Stelle in einer Tabelle die jeweiligen Geräte und die genutzten Wirkungen zusammen.
b) Wie sind die Geräte geschaltet?
c) Der Toaster und der Wasserkocher sind in Betrieb. Was passiert mit dem Toaster, wenn der Wasserkocher ausfällt?

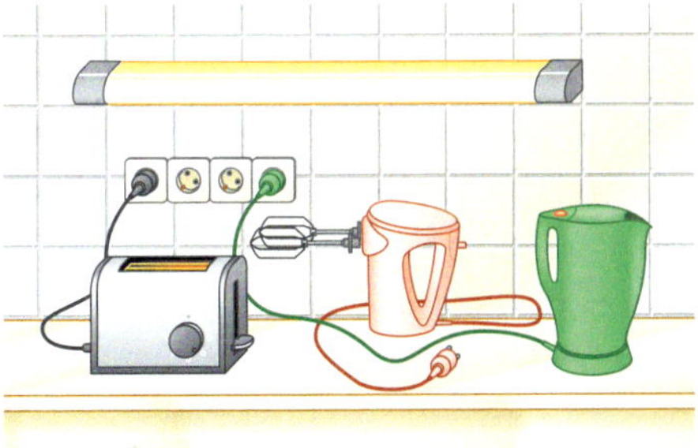

2 Zeichne einen Schaltplan für die jeweilige Schaltung. Beschreibe und vergleiche die beiden Schaltungen.

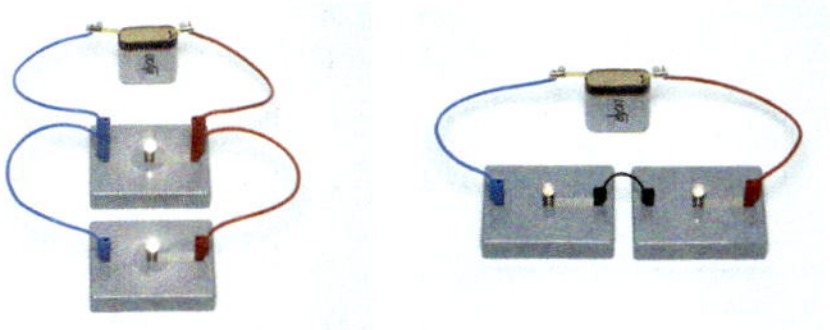

3 Sicherheitsschaltungen sind UND-Schaltungen. Kontrolliere die Schaltung oben rechts, die Meike als Sicherheitsschaltung gezeichnet hat.

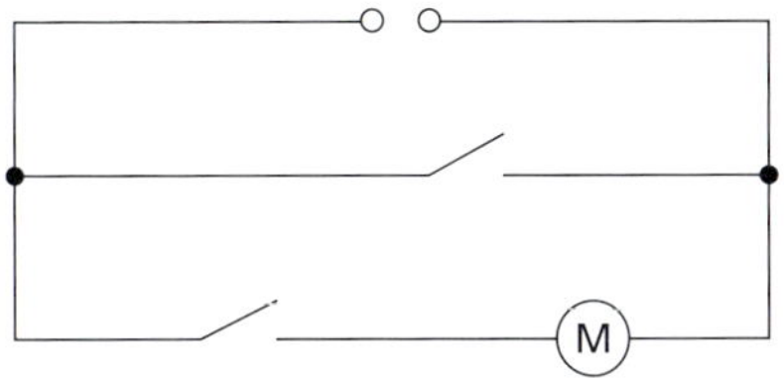

a) Würdest du ihr die Erlaubnis zum Aufbau der Schaltung erteilen?
b) Wo kommen Sicherheitsschaltungen im Alltag und in der Technik vor?

4 „Mir passiert schon nichts!“, sagt Niklas und experimentiert zu Hause mit Netzspannung. Bewerte sein Verhalten.

5 Vorsicht bei der Nutzung von elektrischen Geräten im Bad!
a) Begründe, warum die Berührung mit elektrischem Strom beim Baden gefährlich ist.
b) Welche Schlussfolgerungen leitest du daraus für die Benutzung eines Föhns oder anderer elektrischer Geräte im Bad ab?

6 Bei den folgenden Aussagen haben sich Fehler eingeschlichen. Finde sie heraus und korrigiere sie.
a) Der Stromkreis rechts ist geschlossen.
b) Körper aus Kupfer leiten den elektrischen Strom schlechter als Körper aus Kunststoff.
c) Wenn man Schuhe mit Gummisohlen trägt, kann man gefahrlos an elektrischen Anlagen experimentieren.

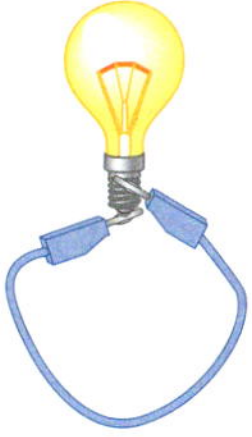

5

Vom Schall

1 **Macht Lärm krank?**
Musik, Straßenverkehr, Schulhof – überall ist Lärm um uns. Wann wird Musik zum Lärm? Wie kannst du dich vor Lärm schützen?

2 **Der Ton macht die Musik**
Die Form und Größe eines Instruments bestimmt, wie es klingt. Welches erzeugt den tiefsten Ton?

3 **Illusion oder Wirklichkeit?**
Wenn du das Haus einer Muschelschnecke so wie in der Abbildung ans Ohr hältst, hörst du ein Rauschen. Wurde das Meeresrauschen etwa in der Muschel gespeichert?

4 **Kaum zu sehen**
Das Ohr kann man durch kleine Hörgeräte unterstützen. Warum ist es so wichtig, Schwerhörigkeit auszugleichen?

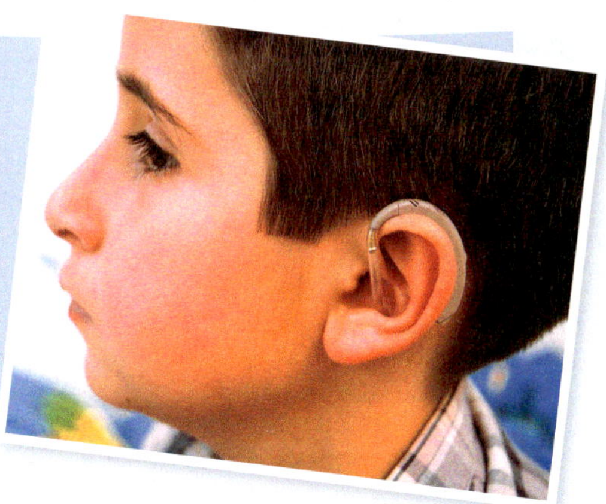

Schall und Schallquellen

Wie entstehen Töne bei verschiedenen Instrumenten? Finde es heraus.

Mit unseren Ohren nehmen wir Geräusche, Sprache, Musik, aber auch unangenehmen Lärm wahr.

> Alles, was der Mensch mit seinem Gehör wahrnehmen kann, wird als Schall bezeichnet.

Schall lässt sich auf unterschiedliche Art und Weise erzeugen:
- Bei Zupf- und Streichinstrumenten wie Gitarre, Geige oder Klavier werden Saiten in Schwingungen versetzt.
- Bei Blasinstrumenten wie Trompete, Saxofon oder Flöte schwingen Luftsäulen.
- Bei der menschlichen Stimme schwingen die Stimmbänder, wenn Luft aus der Lunge kommt und durch die Stimmritze hindurchtritt.
- Quelle der Geräusche aus einem Lautsprecher ist die Lautsprechermembran, die hin- und herschwingt.

Alle Vorgänge haben etwas Gemeinsames: Körper, z. B. Gitarrensaiten, bewegen sich hin und her.
Durch ihre schnellen Schwingungen werden die Körper zu **Schallquellen.**

- Gib weitere Beispiele für Schallquellen an.

Geräusche und Laute von Tieren

Fledermäuse erzeugen mit ihren Stimmbändern Schall, den wir nicht hören können.

Heuschrecken zirpen, indem sie mit den Hinterbeinen über zahlreiche kleine Erhöhungen an den Vorderflügeln streichen.

Ausströmende Luft bringt spezielle Membranen in der Luftröhre zum Schwingen – der Vogel singt.

Das Sirren der Mücken kommt durch schnelles Hin- und Herschwingen der Flügel zustande.

Erforsche es

Musikinstrumente – selbst gebaut

Musik könnt ihr nicht nur mit teuren **Musikinstrumenten,** sondern auch mit einfachen Anordnungen machen.

Baut verschiedene Musikinstrumente. Versucht, mit jedem dieser Instrumente hohe und tiefe Töne, aber auch laute und leise Töne zu erzeugen.
Wer schafft es, eine einfache Melodie zu spielen?

1. Baut aus Flaschen ein Instrument. Füllt die Flaschen unterschiedlich hoch mit Wasser. Blast kräftig über die Öffnung. So entstehen je nach Füllung der Flaschen unterschiedlich hohe Töne.
Was schwingt?

2. Auch mit gleichartigen Gläsern, die unterschiedlich hoch mit Wasser gefüllt sind, könnt ihr Töne erzeugen. Baut ein Instrument aus Gläsern und probiert die Anordnung aus.
Beschreibt, wodurch die Töne erzeugt werden. Vergleicht eure Instrumente.

3. Baut mithilfe von Klangstäben ein Instrument und probiert es aus.
Die Tonhöhe ist bei einem bestimmten Material von der Länge des Stabs abhängig. Durch geschickte Wahl der Länge erhaltet ihr alle Töne einer Tonleiter. Die Stäbe werden durch Anschlagen zum Klingen gebracht.

Ein Monochord ist ein Instrument, das nur eine Saite hat. Das Wort Monochord kommt aus dem Griechischen. „Monos“ bedeutet einzeln und „chorde“ bedeutet Saite.

4. Baut ein Monochord aus einer großen, stabilen Blechdose, die einen Durchmesser von 10 bis15 cm hat. Bohrt kurz unterhalb des Bodens zwei Löcher in die Dose, die sich gegenüberliegen. Sie müssen so groß sein, dass ein etwa 50 cm langer Holzstab gerade so hindurchpasst.
Befestigt die Saite so wie in der Abbildung. Untersucht, wie ihr Tonhöhe und Lautstärke ändern könnt.

Geeignet sind Besenstiel, Holzschrauben, Steg aus Holz, dünner Stahldraht oder Angelsehne.

Laut und leise, hoch und tief

Schwingungen können sichtbar gemacht werden. Wovon hängt es ab, welches Bild du auf dem Oszilloskop siehst?

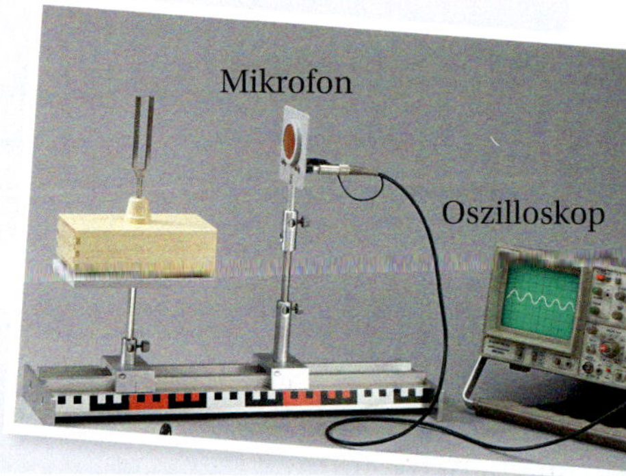

Wenn du die Saite bei einem Monochord stärker anzupfst, hörst du einen lauteren Ton als beim schwachen Anzupfen. Die Saite schwingt stärker. Das kannst du sogar sehen.

Die Schwingungen einer angeschlagenen Stimmgabel kannst du nicht sehen, sie bewegt sich zu schnell hin und her. Aber mit einem Mikrofon und einem Oszilloskop können die Schwingungen sichtbar gemacht werden.

Jeder schwingende Körper bewegt sich wie ein Pendel zwischen zwei Umkehrpunkten hin und her. Die Umkehrpunkte haben den größten Abstand von der Ruhelage. Dieser Abstand heißt **Amplitude.**

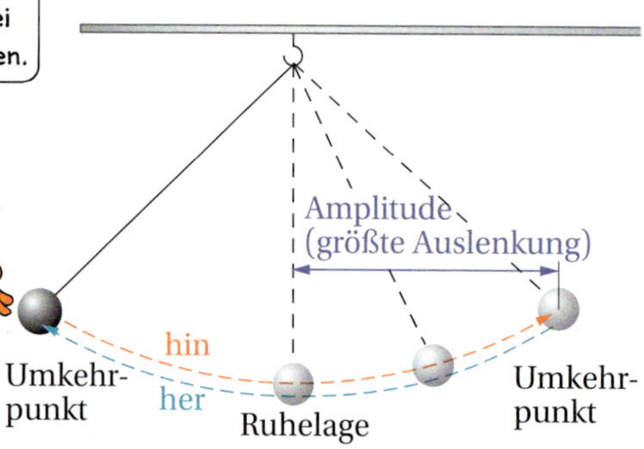

Wenn du eine Stimmgabel stärker anschlägst, dann wird der Ausschlag auf dem Schirm des Oszilloskops größer. Du nimmst den Ton lauter wahr.

- Beschreibe, wie du laute und leise Töne auf einem Monochord erzeugen kannst.

Die **Lautstärke** hängt davon ab, wie stark ein Körper schwingt. Es gilt:

> Je größer die Amplitude der Schwingung ist, desto lauter nimmst du den Ton wahr.

Eine Stimmgabel schwingt ganz regelmäßig. Das erkennst du an der gleichmäßigen Wellenlinie.

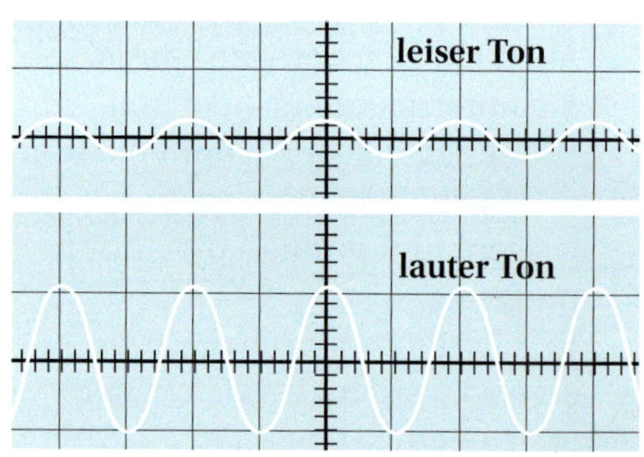

Erforsche es

Was schwingt denn da?

1. Lege ein Lineal auf eine Tischkante. Lenke das freie Ende aus und lass es schwingen. Verändere Höhe und Lautstärke des Tons.

2. Lege deine Finger auf deinen Kehlkopf und sprich oder singe. Notiere und erkläre die Beobachtung.

3. Zeichnet in Partnerarbeit die Schwingung einer Schallquelle auf. Nehmt ein Pendel als Modell für eine Schallquelle.

Ein Partner zieht das Papier gleichmäßig unter dem Lineal hindurch, während der andere Partner den Bleistift an der Linealkante hin- und herbewegt.

Wenn du verschiedene Stimmgabeln gleich stark anschlägst, verändert sich das Schwingungsbild wie in der Abbildung unten. Auf den Stimmgabeln ist die **Frequenz** angegeben.

> Die Frequenz einer Schwingung gibt an, wie viele Hin- und Herbewegungen je Sekunde ablaufen.
> Formelzeichen: f
> Einheit: ein Hertz (1 Hz) $1\,\text{Hz} = \frac{1}{\text{s}}$

Die Einheit ist nach dem Physiker HEINRICH HERTZ (1857–1894) benannt worden.

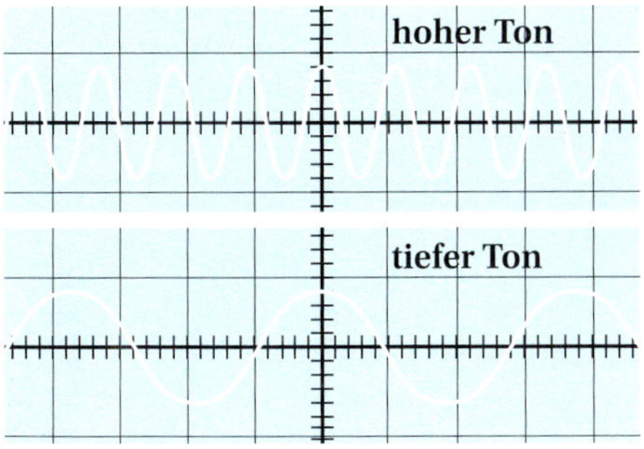

Die Angabe 440 Hz auf einer Stimmgabel bedeutet:
Die Stimmgabel schwingt 440-mal in einer Sekunde hin und her.

> Je größer die Frequenz der Schwingung ist, desto höher nimmst du den Ton wahr.

Aufgaben

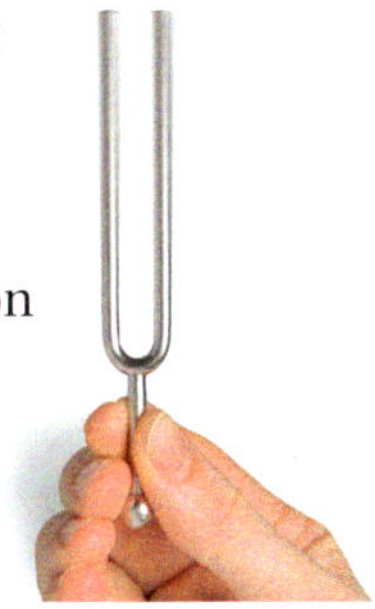

1 Auf einer Stimmgabel steht 322 Hz, auf einer anderen 512 Hz.
Begründe, mit welcher Stimmgabel ein höherer Ton erzeugt werden kann.

2 Eine fliegende Biene summt, einen fliegenden Schmetterling hörst du dagegen nicht.
Erkläre. ↗ S. 29

Schall breitet sich aus

Obwohl das Pendel nicht an dem Tamburin anliegt, das angeschlagen wird, schwingt es aus. Wie gelangt Schall von einem Ort zum anderen?

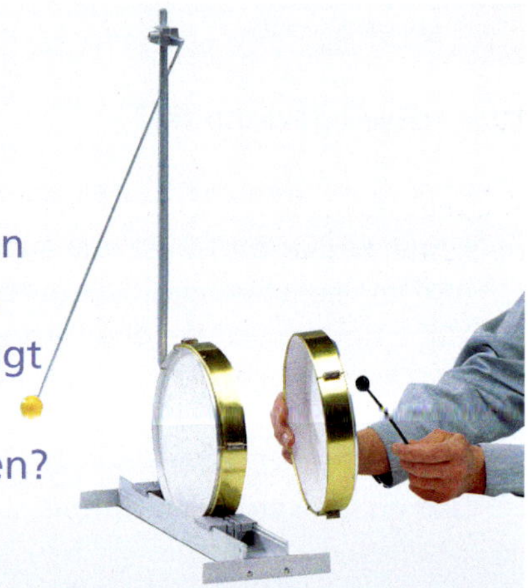

Schall kann sich nur in Schallträgern ausbreiten. Schallträger sind Gase, Flüssigkeiten oder feste Stoffe. Im Vakuum kann sich Schall nicht ausbreiten.

Wenn du ein Tamburin anschlägst, dann überträgt seine Membran Energie auf Luftteilchen und regt sie zu Schwingungen an. Die Teilchen werden kurzzeitig verdichtet. Dadurch befinden sich weniger Teilchen in der Nachbarschaft: Die Luft ist dünner. Die Verdichtungen und Verdünnungen der Luft breiten sich im Raum aus.

> Schall breitet sich in festen, flüssigen oder gasförmigen Körpern aus. Er wird dabei von einem Ort zu einem anderen übertragen.

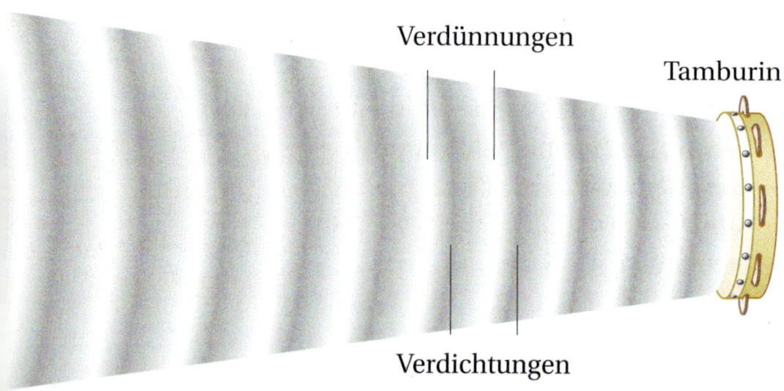

In Luft breitet sich Schall langsamer aus als in Wasser und in festen Stoffen. Die Ausbreitungsgeschwindigkeit heißt **Schallgeschwindigkeit.** Sie wird in der Einheit ein Meter je Sekunde ($1 \frac{m}{s}$) angegeben.

Eine Schallgeschwindigkeit von $344 \frac{m}{s}$ bedeutet: Der Schall legt in einer Sekunde 344 m zurück.
Aus der Tabelle erkennst du, dass die Schallgeschwindigkeit auch von der Temperatur des Stoffs abhängt. Für Luft gilt: Mit höherer Temperatur breitet sich der Schall schneller aus.

Schallgeschwindigkeit in verschiedenen Stoffen in $\frac{m}{s}$	
Luft bei −20 °C	320
bei 0 °C	332
bei 20 °C	344
Wasser bei 20 °C	1 484
Eis bei − 4 °C	3 250
Holz (Eiche) bei 20 °C	3 400
Ziegelstein bei 20 °C	3 600
Beton bei 20 °C	3 800
Stahl bei 20 °C	4 900

Erforsche es

Wie schnell ist Schall?

Ermittelt die Schallgeschwindigkeit mit einer Starterklappe.

Vorbereitung:
Ihr benötigt eine Starterklappe, die ihr auch leicht selbst bauen könnt, Stoppuhren und ein Bandmaß.

Durchführung:
a) Ein Mitschüler postiert sich mit der Starterklappe in mindestens 300 m Entfernung und schlägt die Starterklappe zusammen.
b) Mehrere Schüler messen die Zeit zwischen dem Sehen und dem Hören des Zusammenschlagens. Die Messungen werden wiederholt.

Auswertung:
a) Vergleicht den berechneten Wert mit dem Tabellenwert.
b) Findet Ursachen für mögliche Abweichungen.

Abschätzung von Entfernungen

Mit der Schallgeschwindigkeit in Luft kannst du abschätzen, wie weit ein Gewitter entfernt ist.
Nimm für die Abschätzung an, dass der Schall in 1 s etwa 333 m zurücklegt. Er braucht dann für eine Entfernung von 1 000 m = 1 km etwa 3 s: $1\,000 : 333 \approx 3$

Vergehen nach dem Wahrnehmen des Blitzes 12 s, bis du den Donner hörst, dann war dieser Blitz etwa 4 km entfernt: $12 : 3 = 4$

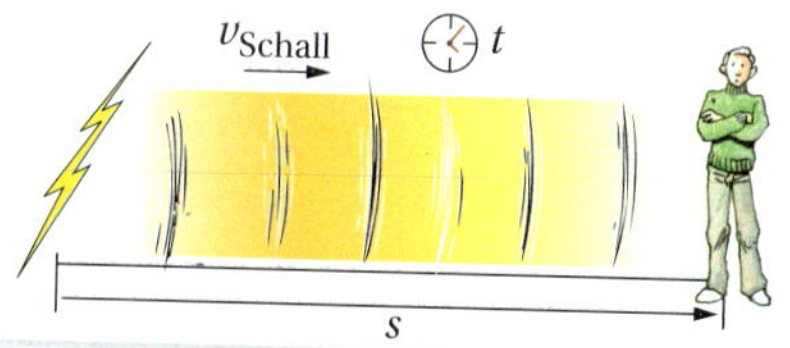

Erklärungen mit dem Teilchenmodell: Schall breitet sich in Holz schneller aus als in Luft, weil die Teilchen von festen Körpern sehr eng beieinanderliegen. Zwischen den Teilchen gibt es starke Kräfte. In Luft ist der Abstand zwischen den Teilchen groß und die Kräfte zwischen den Teilchen sind klein.

Die Teilchen eines festen Körpers übertragen die Schwingung schneller, weil sie stärker miteinander gekoppelt sind.

Aufgaben

1 Belege mit den Werten aus der Tabelle, dass Schall in Wasser schneller übertragen wird als in Luft.

2 Lege eine tickende Uhr auf ein Ende eines Tischs. Stelle fest, ob du am anderen Ende des Tischs noch das Ticken hören kannst. Lege nun den Kopf mit einem Ohr auf den Tisch. Erkläre deine Beobachtung. ↗ S. 29

Eigenschaften der Schallausbreitung

In einer Entfernung von einem Meter kann die Person das Ticken der Uhr im Standzylinder nicht hören. Aber es gibt einen Trick.

Am unterschiedlichen Klang kannst du Instrumente unterscheiden.

Schall besteht nicht nur aus Tönen. Spielt man den Kammerton *a* ($f = 440$ Hz) auf einem Klavier, so entsteht ein **Klang.** Der Schall, den ein fahrendes Auto abgibt, heißt **Geräusch.** Bei einer Explosion entsteht ein mehr oder minder lauter **Knall.** Töne, Klänge, Geräusche und ein Knall haben typische Schwingungsformen.

Schallverstärkung: Eine schwingende Saite überträgt die Energie auf ihre Umgebung und versetzt z. B. die Holzteilchen des Klangkörpers der Gitarre in Schwingungen. Durch den Klangkörper wird die Fläche, von der der Schall ausgeht, größer. Es werden mehr Luftteilchen zum Schwingen angeregt. Der Schall wird verstärkt.

Ton	Klang	Geräusch	Knall
Die Schwingung ist ganz regelmäßig.	Die Schwingung ist periodisch, aber nicht regelmäßig.	Die Schwingung ist unregelmäßig.	Die Schwingung hat einen großen Ausschlag und nimmt schnell ab.
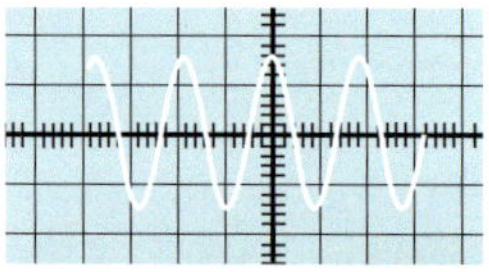	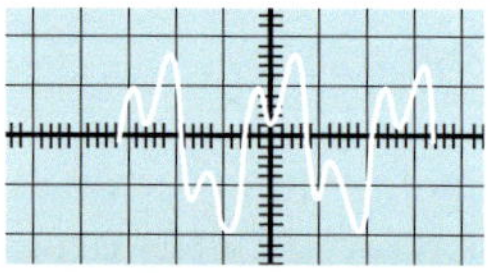	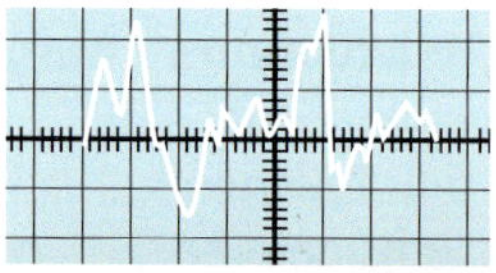	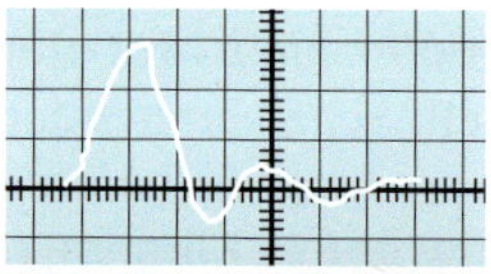

Eine angeschlagene Stimmgabel erzeugt einen Ton.	Mit Musikinstrumenten kann man verschiedene Klänge erzeugen.	Bei Fahrzeugen und Maschinen entstehen Geräusche.	Beim Explodieren eines Feuerwerkskörpers entsteht ein Knall.

Reflexion von Schall

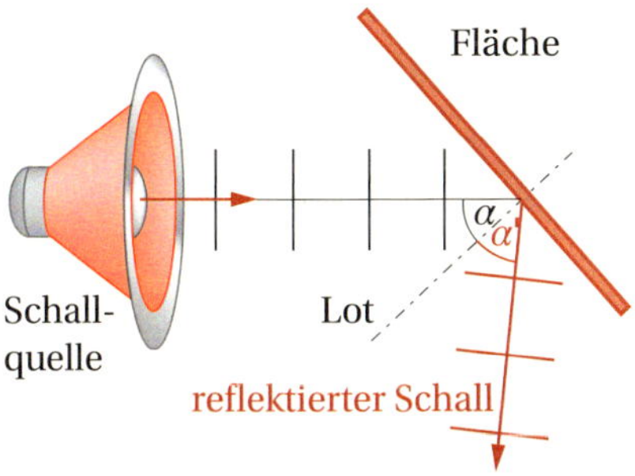

Beugung von Schall

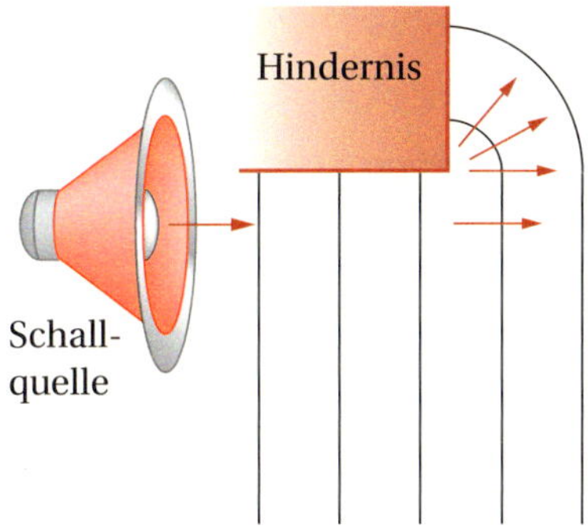

Wenn Schall auf Körper trifft, so wird er zum Teil **hindurchgelassen,** zum Teil **absorbiert** und zum Teil **reflektiert.** Wie viel Schall das jeweils ist, hängt von dem Stoff ab, aus dem der Körper besteht, aber auch von seiner Schichtdicke und Beschaffenheit der Oberfläche.
Weiche und poröse Körper mit einer rauen Oberfläche absorbieren viel und reflektieren wenig Schall. Sie lassen nur wenig Schall hindurch. Das wird zur **Schalldämpfung** genutzt.

Harte Körper mit einer glatten Oberfläche absorbieren wenig, reflektieren aber viel Schall.
Das wird zur **Schalldämmung** genutzt.

Beugung von Schall: Wenn Schall auf Hindernisse wie Spalte, Kanten oder Ecken trifft, dann breitet er sich auch hinter diesen Hindernissen aus.
Diese Erscheinung heißt **Beugung.** Aufgrund von Beugung kannst du den Motor eines Autos hören, obwohl es hinter einer Hausecke steht.

Reflexion von Schall: Wenn Schall auf eine glatte Fläche trifft, dann sind Einfallswinkel und Reflexionswinkel wie bei der Reflexion von Licht gleich groß.

Diesen Trick kann die Person auf der Seite 98 nutzen, um die Uhr zu hören.

Aufgaben

1 Welche der folgenden Stoffe sind geeignet, Schall zu dämmen: Glas, Wolle, Metall, Steine, Schaumstoff?

2 Beschreibe zwei Beispiele für die Beugung von Schall.

3 Aus welchem Material sollten Ohrstöpsel bestehen?

Das Ohr – ein Schallempfänger

Handy aus im Unterricht! Der Mosquito-Klingelton umgeht das Verbot. Was verbirgt sich dahinter?

Sprache, Musik oder Geräusche nimmst du mit deinen Ohren wahr. Ohren sind **Schallempfänger.**

Die Ohrmuschel nimmt den Schall auf und leitet ihn durch den Gehörgang an das Trommelfell weiter. Ohrmuschel und Gehörgang wirken wie ein Trichter, an dessen Innenwand der Schall reflektiert wird. Die Verdichtungen und Verdünnungen der Luft im Gehörgang regen das Trommelfell zum Mitschwingen an. Die Gehörknöchelchen übertragen diese Schwingungen auf sehr kleine Härchen in der Schnecke.

Die Schwingungen reizen die Sinneszellen an den Enden der Härchen und die Zellen senden über den Hörnerv Signale an das Gehirn.
Das Gehirn verarbeitet die Wahrnehmungen zu akustischen Eindrücken. Da dies bei jedem Menschen unterschiedlich geschieht, ist die Wahrnehmung von Schall **subjektiv.**

- Ohren dienen der Aufnahme, der Übertragung und der Umwandlung von Schall. Die Wahrnehmung erfolgt im Gehirn und ist subjektiv.

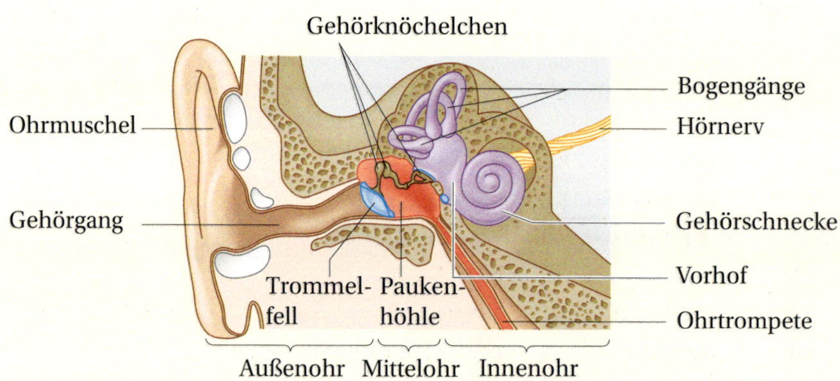

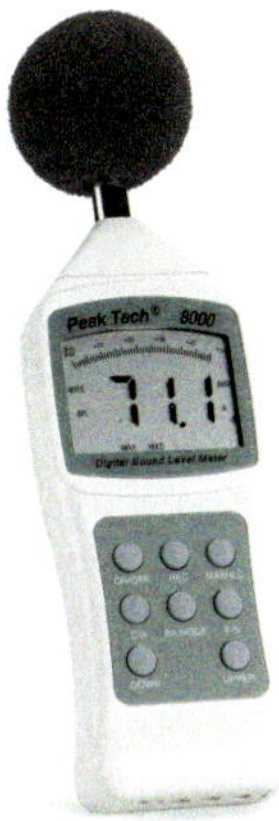

Wie laut jeder Einzelne Schall wahrnimmt, ist sehr subjektiv. Um objektive Aussagen über Lautstärken zu erhalten, gibt es Schallpegelmesser. Sie messen **Schallpegel** in der Einheit Dezibel (dB). Für ein Motorrad zeigt der Schallpegelmesser etwa 70 dB an.

Unser Hörempfinden weist eine Besonderheit auf: Wenn ein Motorrad einen Schallpegel von 70 dB erzeugt, so zeigt das Gerät bei zwei gleich lauten Motorrädern nicht etwa 140 dB an, sondern nur 73 dB. Der Pegel steigt um 3 dB.

Als **Faustformel** gilt: 10 dB Unterschied werden etwa als halbe bzw. doppelte Lautstärke wahrgenommen.

Du nimmst Schall nur mit Frequenzen zwischen 16 und 20 000 Hz wahr. Die obere Grenze nimmt mit dem Alter stark ab. 50-Jährige hören nur noch bis etwa 13 000 Hz.

Zwei Motorräder nimmst du nicht doppelt so laut wahr wie eins. Das geschieht erst bei zehn Motorrädern.

Aufgaben

1 Lege eine Tabelle an. Notiere die Funktionen folgender Teile: Ohrmuschel, Gehörgang, Trommelfell, Gehörknöchelchen, Sinneszellen in der Gehörschnecke, Hörnerv.

2 Wir besitzen zwei Ohren, nicht nur eines. Erläutere, welchen Vorteil wir dadurch haben.

Schallpegel in Natur und Technik		
Schallpegel in dB	Beispiel	Entfernung Schallquelle/ Ort der Messung
0	Hörschwelle	am Ohr
10	ruhiges Atmen	am Ohr
20–30	sehr ruhiges Zimmer	am Ohr
40–50	normale Unterhaltung	1 m
60–70	Fahrzeuge, Staubsauger	10 m
80–90	stark befahrene Straße	10 m
100–110	Presslufthammer, Diskothek	10 m/am Ohr
120–140	Rockkonzert, Donner, Start eines Düsenflugzeugs	30 m

Erforsche es

Hör mal!

1. Untersucht, wie ihr mit verbundenen Augen auf Drehungen eures Körpers reagiert.
   Verbindet einer Testperson die Augen. Stellt euch in einem kleinen Kreis um sie herum und dreht sie so vorsichtig, dass sie nicht hinfallen kann. Nach einigen Drehungen bleibt sie wieder stehen. Lasst die Testperson berichten, was sie in beiden Phasen empfunden hat.

2. Ermittle die Funktion der Ohrmuscheln.
   Vorbereitung:
   Materialien: Wecker auf Teller, Blatt Papier
   Durchführung und Beobachtung:
   Führe die Untersuchungen so durch, wie in der Tabelle die Stellung der Ohrmuscheln beschrieben wird. Achte dabei auf die Lautstärke des tickenden Weckers. Notiere jeweils das Ergebnis der Untersuchung.

Stellung der Ohrmuscheln	Empfundene Lautstärke
Drücke die Ohrmuscheln nach hinten an den Kopf.	
Drücke die Ohrmuscheln rechtwinklig nach vorne.	
Lege beide Handflächen muschelförmig hinter die Ohren.	
Stecke ein aus Papier geformtes „Hörrohr" in eine Ohröffnung.	

   Auswertung:
   a) Wie hat sich die Lautstärke verändert?
   b) Leite aus den Ergebnissen die Funktion der Ohrmuscheln für das Hören ab.

3. Untersucht in Partnerarbeit, wie genau Ohren die Richtung erkennen können, aus der der Schall kommt.
   Vorbereitung:
   Material: ein mindestens 1 m langer Kunststoffschlauch, Stab
   Durchführung und Beobachtung:
   a) Haltet die Schlauchenden wie in der Abbildung an ein Ohr und markiert die Mitte des Schlauchs.

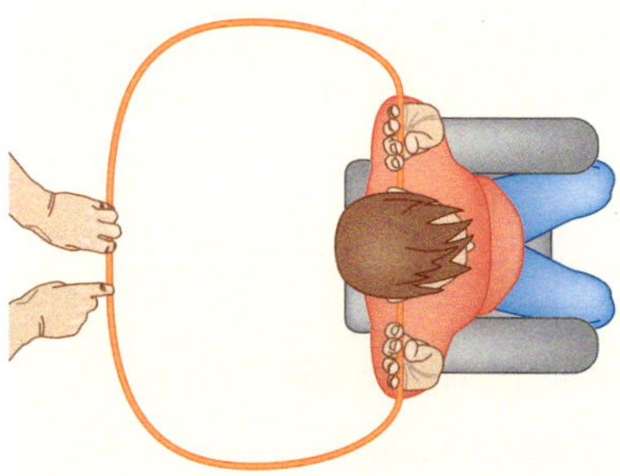

   b) Lass deinen Partner an einer Stelle des Schlauchs klopfen und versuche, durch die Anweisungen „nach links" bzw. „nach rechts" die Mitte des Schlauchs zu bestimmen.
   Auswertung:
   Erklärt, warum man so etwa die Mitte des Schlauchs herausfinden kann.

Wusstest du schon?

Schall, den wir nicht hören

Infraschall heißt Schall mit einer Frequenz, die unter 16 Hz liegt. Infraschall tritt bei Erdbeben, Vulkanausbrüchen oder Schwingungen von Industrieanlagen auf.
Manche Tiere können Infraschall hören. Dazu gehören Elefanten und Wale. Sie nutzen Infraschall auch zur Kommunikation. Im Wasser breitet sich dieser Schall besonders weit aus.

Ultraschall heißt Schall mit einer Frequenz von über 20 kHz. Hunde hören Schall bis etwa 50 kHz. Sie werden mit speziellen Pfeifen im Frequenzbereich zwischen 16 und 22 kHz abgerichtet und trainiert. Dieses Pfeifen nehmen wir nicht oder nur sehr leise wahr.
Insbesondere der Ultraschall findet in Technik und Medizin vielfältige Anwendungen.

Goldschmiede, Uhrmacher und Optiker reinigen kleine und fein strukturierte Bauteile mit Ultraschall. Mittlerweile gibt es diese Ultraschallreiniger auch im Haushalt. Schmuck, Brillen, CDs und DVDs werden schonend sauber.

Ultraschall wird zur **Echoortung** genutzt. Ein Sender (Lautsprecher) strahlt Ultraschallimpulse ab, die am Meeresboden oder an Hindernissen (Fischschwarm, U-Boot) reflektiert werden. Ein Empfänger (Mikrofon) nimmt den reflektierten Schall auf.
Auch die **Ultraschalluntersuchung** bei Schwangeren beruht auf einem ähnlichen Verfahren. Eine Ärztin bzw. ein Arzt führt den Schallkopf über die Körperoberfläche. Ein Computer stellt dabei die empfangenen Echoimpulse als mehr oder weniger helle Punkte dar. Auf dem Monitor entsteht ein Bild.

Sender und Empfänger sind meist in einem Ultraschallkopf vereinigt.

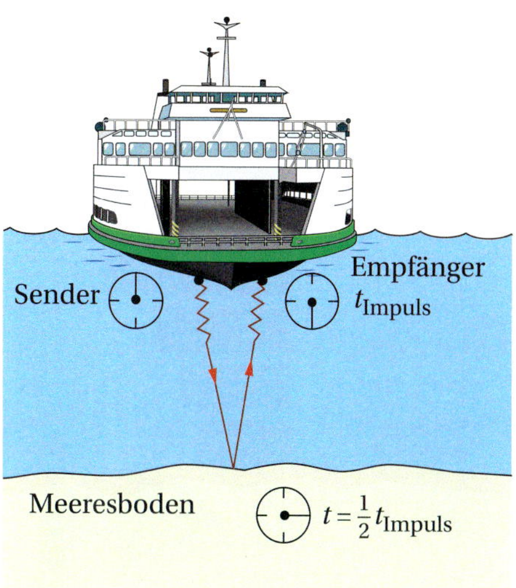

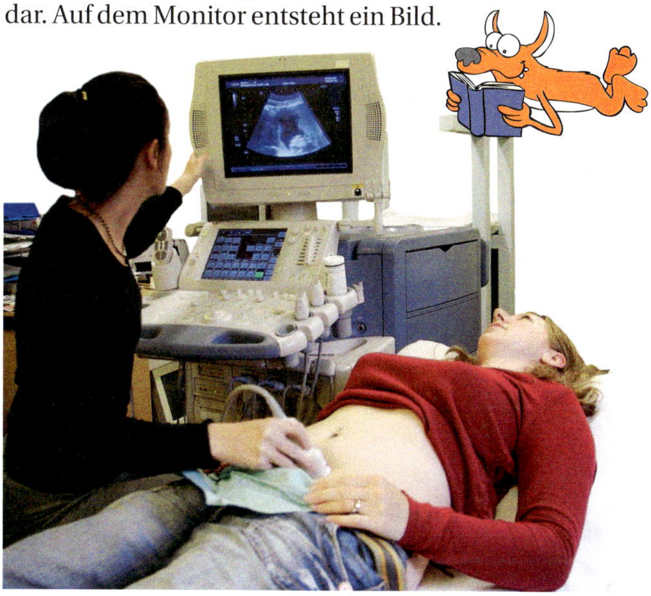

Lärm und Lärmschutz

Bewerte die Mahnung.
Welche Auswirkungen kann Lärm haben?

Schall, der an deine Ohren gelangt, kann angenehme Empfindungen auslösen, so Musik oder das knisternde Geräusch eines Lagerfeuers. Schall kann dich aber auch stören und sogar schädigen.

- Schall, der als belästigend empfunden wird oder zu gesundheitlichen Schäden führen kann, heißt Lärm.

Lärm ist eine subjektive Empfindung. Das, was du als Lärm empfindest, muss ein anderer nicht zwangsläufig so wahrnehmen.

Dabei ist die Art des Lärms völlig gleichgültig. Deine Lieblingsmusik in entsprechender Lautstärke ist genauso schädlich wie der Lärm eines startenden Flugzeugs.

Du schützt dich vor Schäden, indem du beim Benutzen von Kopfhörern sowohl die Lautstärke als auch die Benutzungszeit begrenzt und Pausen einlegst.

Menschen in Deutschland empfinden Lärm als eine der stärksten Umweltbeeinträchtigungen (Befragung durch das Umweltbundesamt 2009):

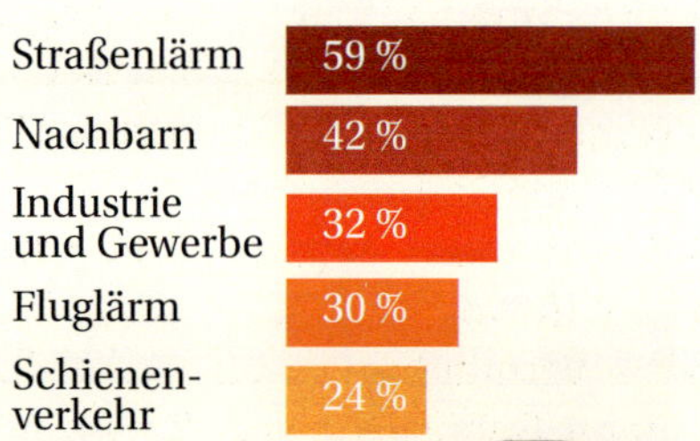

Prophezeiung des Mediziners Robert Koch (1843–1910)

„Eines Tages wird der Mensch den Lärm ebenso unerbittlich bekämpfen müssen wie die Cholera und die Pest."

Allgemeines Preußisches Landrecht von 1793

„Mutwillige Buben, welche auf den Straßen lärmen, sollen mit verhältnismäßigem Gefängnis, körperlicher Züchtigung oder Zuchthaus bestraft werden."

Gesundheitliche Schäden

Lärm ist Stress für den ganzen Organismus und wirkt besonders auf die Ohren ein.

Kurzzeitiger Lärm:
Die Leistungsfähigkeit deines Gehörs wird zeitweise verringert.
↓
Vorübergehende Taubheit

Beschleunigte Atmung

Erhöhter Blutdruck

Erhöhte Herzfrequenz

Schlafstörungen

Länger anhaltender, starker Lärm über 85 dB:
Die Haarzellen im Innenohr sterben allmählich ab und können sich nicht erneuern.
↓
Bleibender Gehörschaden

Lärmschutz ist darauf ausgerichtet, schädliche Umwelteinwirkungen durch Lärm zu vermeiden oder zu verringern.

Als Grundsatz gilt:

> Die Vermeidung von Lärm ist der beste Schutz vor gesundheitlichen Schäden. Wo es möglich ist, sollte Lärm verringert werden.

Am besten wäre es, keinen Lärm zu erzeugen.
Wo das nicht möglich ist, müssen verschiedene Maßnahmen den Lärm dämmen oder dämpfen.

Maßnahmen des Lärmschutzes sind:
- die Errichtung von Schallschutzwänden oder Erddämmen an Straßen oder Bahnstrecken,
- der Einbau von Schallschutzfenstern in Wohnungen,
- die Verminderung der Reifen-Fahrbahn-Geräusche durch Verbesserung der Reifen und veränderten Straßenbelag („Flüsterasphalt“),
- der Bau leiserer Maschinen.

Aufgaben

1. Lies noch einmal auf Seite 101 nach und finde ein vergleichbares Beispiel für Lärm von 85 dB.

2. Unter welchen Bedingungen führt Lärm zur Lärmschwerhörigkeit?

3. Überprüfe, welchen Lärmquellen du dich selbst aussetzt.

Das hast du gelernt

Alles, was wir mit unseren Ohren hören, ist Schall. Unser Ohr ist ein Schallempfänger.

Schall entsteht, wenn ein Körper genügend schnell schwingt. Schwingen können Luftsäulen, Saiten oder Membranen.

Schall
- breitet sich in Stoffen aus, aber nicht im Vakuum;
- legt in Luft ca. 333 Meter in der Sekunde zurück;
- wird an Flächen reflektiert und an Ecken gebeugt;
- wird durch Stoffe absorbiert.

Die **Tonhöhe** hängt von der Frequenz der Schwingung ab.

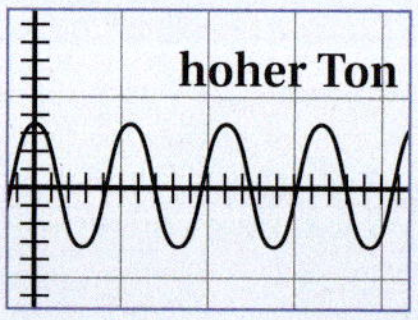

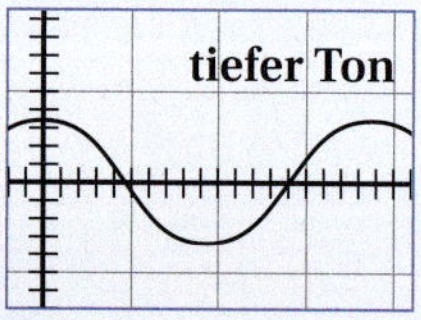

Die **Lautstärke** hängt von der Amplitude der Schwingung ab.

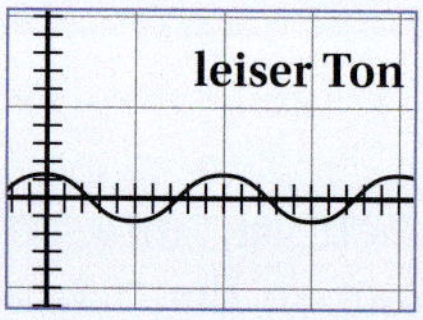

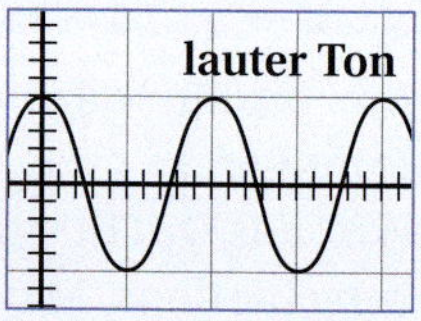

Die Wahrnehmung von Schall ist subjektiv.

Lärmschutz vermeidet oder verringert schädliche Umwelteinwirkungen durch Lärm.

- **Schalldämmung** erfolgt durch Reflexion. Dazu eignen sich besonders harte Stoffe mit glatter Oberfläche.
- **Schalldämpfung** erfolgt durch Absorption. Dazu eignen sich besonders poröse Stoffe mit rauer Oberfläche.

Löse mit Köpfchen

1. Was schwingt denn da?

In den Abbildungen sind verschiedene Schallquellen dargestellt.

Gib jeweils an, welche Teile der Körper schwingen und Schall erzeugen.

2. Überblick verschaffen

Stelle eine Übersicht über Schallquellen in Natur und Technik zusammen. Gib auch jeweils an, was schwingt und dabei Schall erzeugt.

3. Ein Grashalm tönt

Klemme einen Grashalm zwischen die Daumen der beiden Hände und blase in den entstandenen Hohlraum. Was beobachtest du? Beschreibe, wie diese Schallquelle funktioniert. ↗ S. 17

4. Der Teppich macht's

Wenn vor dem Renovieren ein Zimmer leer geräumt wird, so hallt in einem solchen Raum die menschliche Stimme deutlich nach.
Ist das Zimmer wieder mit Möbeln, Teppich und Gardinen eingerichtet, tritt dieser Effekt nicht mehr auf. Erkläre diesen Unterschied. ↗ S. 29

5. Ohne Schallschutz geht's nicht

Häuser sollten nicht nur eine gute Wärmedämmung, sondern auch eine gute Schalldämmung aufweisen.
Nenne und erläutere einige Maßnahmen des Schallschutzes in Häusern bzw. in Wohnungen.
Welche Eigenschaften des Schalls werden dabei genutzt? Welche Eigenschaften haben die Materialien, die für den Schallschutz eingesetzt werden?

5 Teste dich selbst

Wähle aus

1 Eine Schwingung ist
- A ein periodischer Vorgang,
- B eine zeitlich periodische Bewegung eines Körpers um eine Ruhelage,
- C ein Vorgang, bei dem sich eine physikalische Größe ändert.

2 Welche Art des Schalls wird im Diagramm dargestellt?

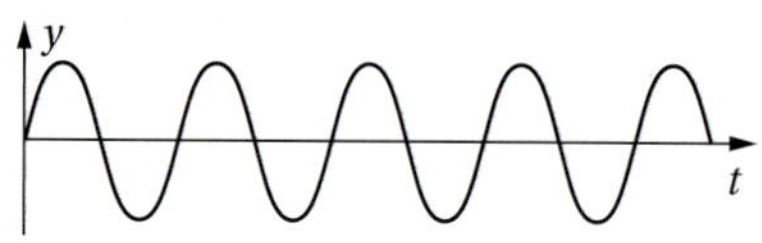

- A Knall
- B Geräusch
- C Ton
- D Klang

3 Schwingungen können durch physikalische Größen beschrieben werden. Die Auslenkung y gibt an,
- A wie groß der maximale Abstand des schwingenden Körpers von der Ruhelage ist,
- B wie viele Schwingungen in jeder Sekunde ablaufen,
- C wie groß der Abstand des schwingenden Körpers von der Ruhelage ist.

4 Bei einem Gewitter wurde zwischen der Wahrnehmung von Blitz und Donner ein Zeitunterschied von 9 s gemessen. Wie weit ist das Gewitter noch entfernt?
- A 333 m
- B 1 km
- C 3 km
- D 9 km

5 Eine Schallquelle befindet sich unter einer Glasglocke, die mit einer Vakuumpumpe verbunden ist. Nach dem Herauspumpen der Luft ist die wahrgenommene bzw. gemessene Lautstärke
- A unverändert geblieben,
- B kleiner geworden,
- C größer geworden.

6 Eine beliebig starke Explosion im Weltall kann man nicht hören. Wie ist das zu begründen?
- A Die Explosion ist nicht hörbar, weil die Entfernung viel zu groß ist.
- B Die Explosion ist nicht hörbar, weil der Schall sich in die unterschiedlichsten Richtungen ausbreitet und nur ein sehr geringer, nicht mehr wahrnehmbarer Anteil zu einem Beobachter auf der Erde gelangt.
- C Die Explosion ist nicht hörbar, weil im Weltraum kein Stoff vorhanden ist, in dem sich der Schall ausbreiten kann.

7 Als Hörbereich werden die Tonhöhen und Lautstärken bezeichnet, in denen der Mensch Schall wahrnehmen kann.
Dieser Bereich
- A ist für alle Lebewesen gleich,
- B unterscheidet sich von Lebewesen zu Lebewesen sehr stark,
- C ist beim Menschen stark vom Alter abhängig.

Beantworte ausführlich

1 Eine Lochsirene besteht aus einer rotierenden Scheibe mit mehreren Reihen von Löchern, gegen die Luft geblasen wird.

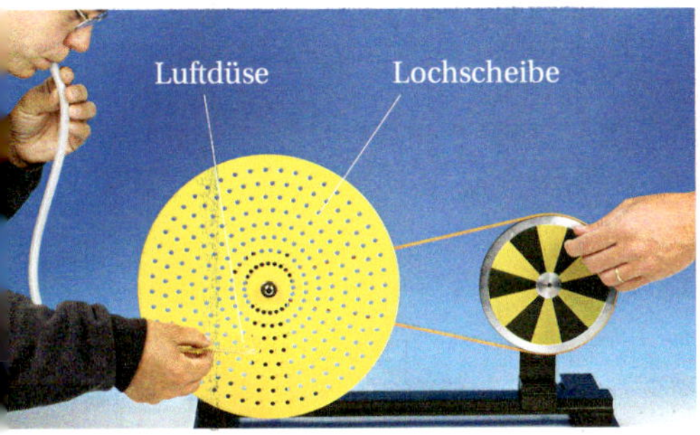

a) Erläutere das Entstehen von Schall bei einer solchen Sirene.
b) Können mit einer solchen Sirene unterschiedliche Töne erzeugt werden? Begründe deine Aussage.

2 In manchen Gewölben kann man das Flüstern weit entfernter Leute hören. Erkläre, wie dieser Effekt zustande kommt.

3 Mit zwei Dosen aus Blech oder Kunststoff und einem Bindfaden kannst du ein einfaches Telefon, ein Fadentelefon, bauen. Mit diesem Fadentelefon kann man sich gut verständigen, wenn der Faden straff gespannt ist.
a) Erkläre, warum mit einem Fadentelefon Sprache übertragen werden kann.
b) Wie wird sich die Verständigung mit einem Fadentelefon verändern, wenn der Faden durch einen Metalldraht ersetzt wird?

c) Baue ein Fadentelefon und teste es. Verwende einen etwa 10 m langen Faden.

4 Von einem Schiff wird unmittelbar unter der Wasseroberfläche mit einem Echolotgerät ein Schallsignal ausgesendet. Nach 6 s wird dieses Signal wieder empfangen. Wie tief ist das Meer an dieser Stelle? Gehe von einer Wassertemperatur von 20 °C aus.

Ziel erreicht

Roter Faden gesucht

Fällt es dir schwer, vor lauter Fakten noch Zusammenhänge zu erkennen? Dann versuche, den Blickwinkel zu wechseln. Die grundlegenden Betrachtungsweisen „Materie“, „System“, „Wechselwirkung“ und „Energie“ geben dir eine Orientierung, dein Wissen zu systematisieren und zu strukturieren. So behältst du den Überblick.

Beispiel Reflexion von Licht

Materie	Wechselwirkung	System
Welche Stoffe reflektieren das Licht?	Warum sind die Spiegelbilder nicht ganz scharf?	Wie kommen die Spiegelbilder zustande?

Wechselwirkung

Welche Körper beeinflussen sich gegenseitig?

Hast du den Überblick?

Vom elektrischen Strom

- Körper bestehen aus Stoffen. Die meisten Körper, z. B. Elektrokabel, bestehen aus mehreren Stoffen.
- Stoffe erkennst du an ihren Eigenschaften, z. B. an ihrer elektrischen Leitfähigkeit oder Magnetisierbarkeit.

Vom Schall

- Trifft Schall auf Körper, wird ein Teil absorbiert, reflektiert oder durchgelassen – je nachdem, aus welchem Stoff die Körper bestehen.
- Im Vakuum kann Schall sich nicht ausbreiten.
- Wenn Schall sich in einem Stoff ausbreitet, werden die Teilchen des Stoffes zusammengedrückt und auseinandergezogen.

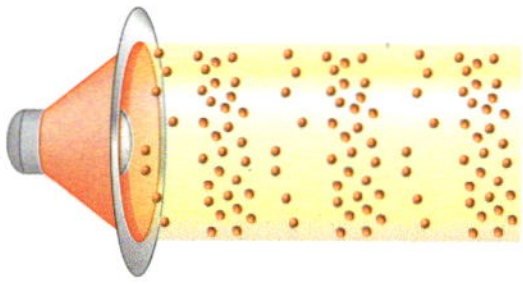

Vom Messen

- Das Volumen eines Körpers aus einem festen Stoff kann man messen, wenn der feste Körper einen flüssigen Stoff verdrängt.

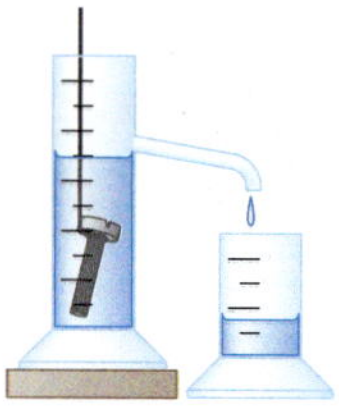

Struktur der Materie

Materie ist alles, was in der Welt, die uns umgibt, in Form von Stoffen (Wasser, Luft, Kunststoff, Eisen …).

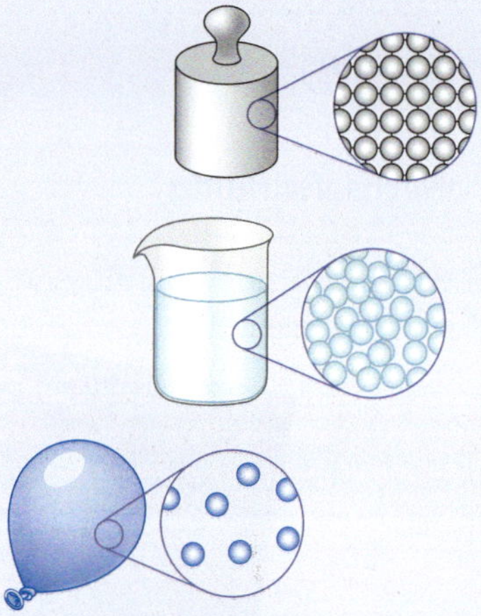

Wechselwirkung

Wenn sich zwei oder mehrere Körper gegenseitig beeinflussen, liegt eine Wechselwirkung vor.

Vom elektrischen Strom

- Elektrischen Strom kannst du an seinen Wirkungen erkennen (Licht- und Wärmewirkung, magnetische und chemische Wirkung).
- Beim Umgang mit elektrischem Strom sind unbedingt Regeln einzuhalten.

Vom Licht

- Licht tritt mit Körpern der Umgebung in Wechselwirkung (Absorption, Streuung, Reflexion)
- Wenn Licht von Körpern in unsere Augen fällt, können wir die Körper sehen.
- Hinter beleuchteten undurchsichtigen Körpern bildet sich Schatten.

Vom Schall

- Wenn Körper genügend schnell schwingen, entsteht hörbarer Schall.
- Schall kann mit einem Schnurtelefon übertragen werden.

Hast du den Überblick?

Vom elektrischen Strom

- Elektrische Geräte funktionieren nur in einem geschlossenen Stromkreis.
- Elektrische Geräte können in Reihe oder parallel geschaltet werden.
- UND- und ODER-Schaltungen werden für spezielle Aufgaben genutzt.

Vom Licht und vom Schall

- Augen und Ohren sind Sinnesorgane für Licht bzw. Schall.
- Umwelteinflüsse wie Lärm, grelles Licht und ultraviolette Strahlung schaden diesen Sinnesorganen.
- Schwingungsfähige Systeme können Schall erzeugen.

Schatten und Bilder

- Licht breitet sich geradlinig nach allen Seiten aus. Die Lichtausbreitung kann mit dem Modell Lichtstrahl beschrieben werden.
- Bilder von Gegenständen können durch Öffnungen, Spiegel oder Sammellinsen entstehen.
- Beispiele für Systeme sind optische Geräte und unser Auge.
- Mit einer Lupe wird der Sehwinkel vergrößert.

System

Ein System setzt sich aus einzelnen Teilen zusammen. Diese haben in dem System eine bestimmte Funktion und sind voneinander abhängig.

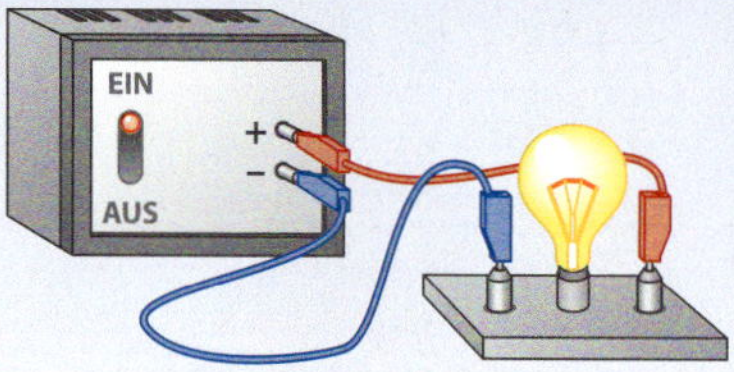

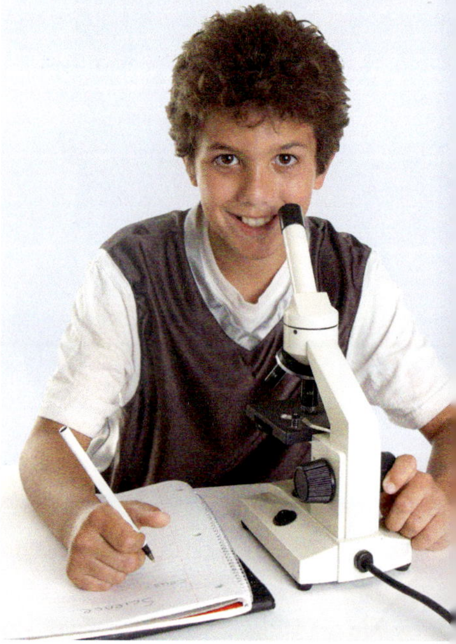

Energie

Energie braucht man, um etwas zu bewegen, zu erwärmen oder zu beleuchten.

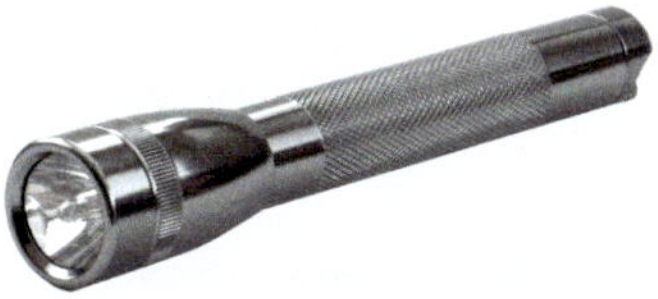

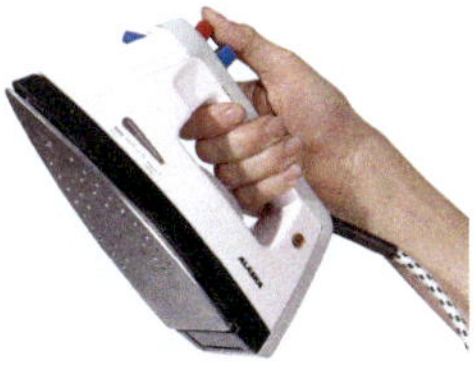

Vom elektrischen Strom

- Wenn der elektrische Strom eine Wirkung auf einen Körper ausübt, wird Energie von der Stromquelle auf den Körper übertragen, zum Beispiel Wärme oder Bewegung.

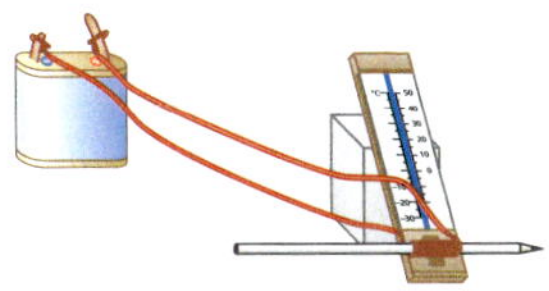

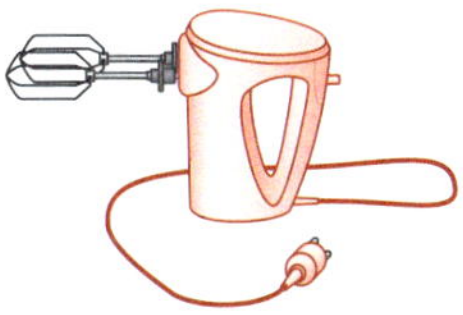

- Damit eine Taschenlampe Energie in Form von Licht abgeben kann, benötigt sie eine Energiequelle in Form einer Batterie.

Vom Schall

- Schall kann die Energie eines Schallsenders auf den Schallempfänger übertragen.

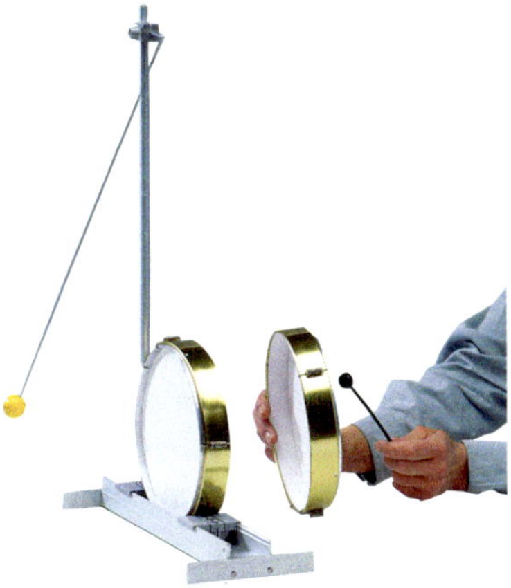

Trainiere mit Methode

1 Nur teilweise finster

Eine partielle (teilweise) Sonnenfinsternis wie in der Abbildung ist viel häufiger zu beobachten als eine totale Sonnenfinsternis.
Worin unterscheiden sich beide? Informiere dich im Internet.

2 Pia versteckt sich

Pia, Tim und Lena spielen Verstecken. Wo muss Pia stehen, damit sie weder von Tim noch von Lena gesehen werden kann?
Wähle zwischen den Positionen A bis E aus und begründe deine Entscheidung.

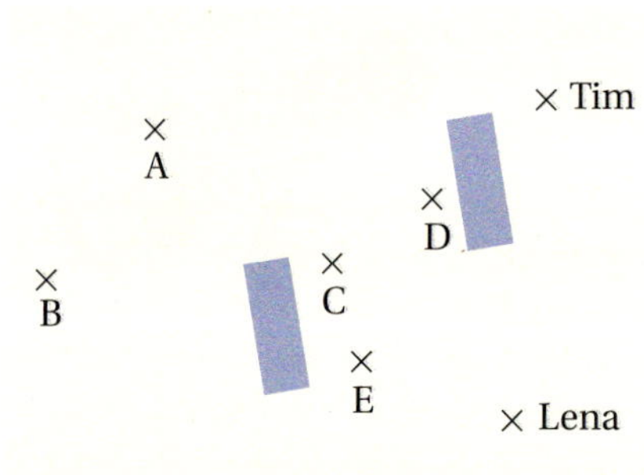

3 Saftflasche

Von einer 25 cm hohen Saftflasche wird ein Schatten an einer Wand erzeugt. Die Lichtquelle befindet sich 40 cm vor der Wand.
Ihr Abstand von der Unterlage beträgt 15 cm. Die Flasche ist 20 cm von der Wand entfernt.

a) Ermittle in einer maßstäblichen Zeichnung, wie hoch der Schatten der Flasche an der Wand ist.

b) Sage voraus, wie sich die Höhe des Schattens ändert, wenn die Flasche verschoben wird.

c) Prüfe deine Voraussage in einem Experiment. Kannst du sie bestätigen?

4 Vom Sehen

Die Vorstellungen darüber, warum wir Gegenstände sehen, haben sich im Laufe der Geschichte verändert. Welche der farbigen Pfeile (rot, grün oder blau) stellen den Sehvorgang richtig dar?

5 Erstaunliche Augen

a) Bei unseren Augen ist der Abstand zwischen Linse und Netzhaut immer gleich. Trotzdem können wir Gegenstände in unterschiedlicher Entfernung scharf sehen.
Wie ist das zu erklären?

b) Wie ragieren unsere Augen auf verschiedene Helligkeit? Beobachtet in Partnerarbeit eure Augen, wenn ihr vom Dunkeln ins Helle kommt. Wertet eure Beobachtungen aus.

6 Ändern sich die Temperaturen?
In einem großen Glas befindet sich kaltes Wasser, in einem kleineren Glas heißes Wasser.

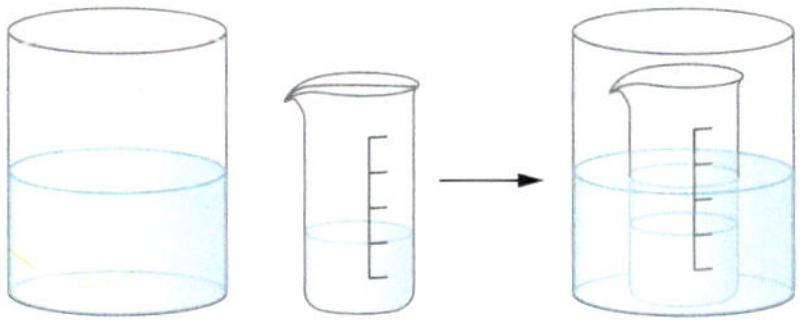

a) Miss zunächst die Temperatur des Wassers in beiden Gläsern.
b) Stelle die Gläser ineinander. Miss jeweils im Abstand von einer Minute die Temperaturen. Rühre gut um. Erfasse die Messwerte in einer Tabelle.
c) Zeichne ein Temperatur-Zeit-Diagramm. Trage alle Messwerte ein. Werte das Diagramm aus.
d) Beschreibe, was geschehen ist.

7 Laiserpointer im Experiment
Katrin und Lukas experimentieren mit einem Laserpointer. Dazu füllen sie ein Glas zur Hälfte mit Wasser und stellen es auf eine helle Unterlage.

(1) Nun lässt Katrin den Laserstrahl von oben schräg auf die Mitte der Wasseroberfläche treffen. Lukas beobachtet das Experiment von der Seite und stellt fest, dass der Verlauf des Strahls nur im Wasser sichtbar ist. Außerdem erscheint in der direkten Verlängerung des Strahls auf der Unterlage ein Leuchtpunkt.
a) Begründe, warum Lukas den Laserstrahl nur im Wasser sieht.
b) Wie muss sich Lukas den gesamten Strahlenverlauf vorstellen?
Fertige eine exakte Skizze an.
c) Beschreibe den Verlauf des Laserlichts vom Verlassen des Laserpointers bis zum Auftreffen auf der Unterlage.

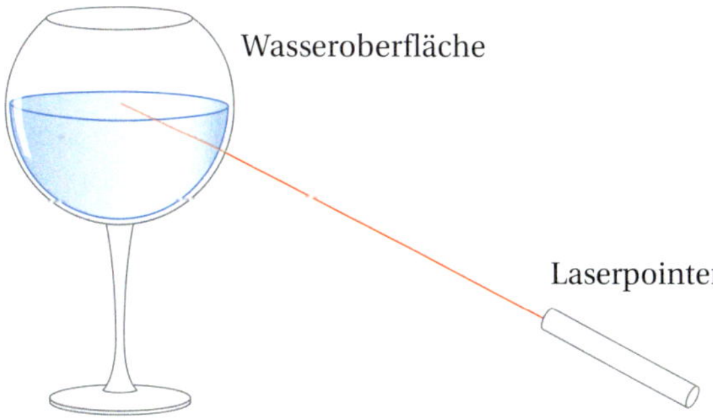

(2) Nun experimentiert Lukas und Katrin schaut zu. Er hält den Laserpointer von unten gegen das Glas.
d) Was kann Katrin beobachten? Findest du eine Erklärung für das überraschende Ergebnis? Diskutiert eure Erklärungen.

Trainiere mit Methode

8 Ein etwas anderes Alphabet

Mit langen und kurzen Lichtsignalen, die man mithilfe eines Tasters erzeugt, können Nachrichten übermittelt werden. Die Idee geht auf F. B. MORSE (1791–1872) zurück. Er entwickelte auch ein Alphabet, das nach ihm bezeichnet wird.

a) Informiere dich im Internet über das Morsealphabet.
b) Baue ein Licht-Morsegerät. Nutze eine Glühlampe, einen Taster, eine Spannungsquelle und Klingeldraht.
c) Sende den Notruf SOS.
d) Verschlüssle weitere Nachrichten und tausche sie mit deinen Mitschülern aus.

9 Wie war es früher?

Elektrische Geräte werden in rasantem Tempo weiterentwickelt. Erkundige dich bei Erwachsenen, welche elektrischen Geräte es in ihrer Kindheit noch nicht gab. Welche Geräte wurden durch neue ersetzt?

10 Strom hat Wirkungen

Baue in einen Stromkreis aus Netzgerät und Lämpchen einen Lamettafaden oder einen Streifen aus Aluminiumfolie ein.

Bitte die Lehrkraft, die Schaltung zu prüfen. Überbrücke das Lämpchen mit einem Kabel. Beschreibe deine Beobachtung.

11 Schalten wie die Profis

Philipp und Hannah haben die Aufgabe, eine Schaltung aus Spannungsquelle (6 V), zwei gleichen Glühlampen (6 V; 0,1 W) und zwei Schaltern zu entwerfen und aufzubauen.
Dies ist ihr Entwurf:

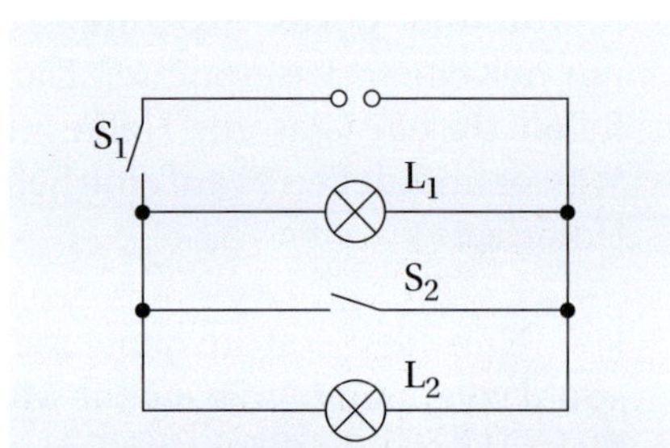

Warum haben die beiden wohl keine Erlaubnis für den Aufbau ihrer Schaltung erhalten?

12 Nicht hören

Fabian ist mit dem Fahrrad unterwegs. Er hat seinen Walkman auf und hört seine Lieblingsmusik. Bewerte das Verhalten von Fabian.

13 Schall von Tieren

Erkunde, wie verschiedene Tiere Schall erzeugen und welche Hörfähigkeiten sie haben.

a) Fertige Informationsmaterial zu verschiedenen Arten der Schallerzeugung an.

b) Interessant ist, dass der Hörbereich bei allen Lebewesen größer ist als der Stimmumfang. Überlege, warum dies sinnvoll ist.

c) Hundepfeifen werden u. a. zum Trainieren von Rettungshunden eingesetzt. Vergleiche das Gehör eines Hundes mit dem eines Menschen. In welchem Bereich erzeugt die Pfeife Töne?

14 Bolzplatz in Gefahr

Die Anwohner eines Bolzplatzes beschweren sich über den ständigen Lärm, der erst bei Dunkelheit aufhört. An den Wochenenden ist die Belastung besonders groß. Sie schlagen verschiedene Maßnahmen vor:

- Einige sprechen sich dafür aus, den Bolzplatz zu schließen.
- Andere fordern, Ohrenschützer an die Anwohner auszuteilen.
- Einer hat die Idee, eine Halle bauen zu lassen.
- Viele fordern, nur bestimmte Zeiten am Tag für das Bolzen zuzulassen.

Bewertet die Maßnahmen und entscheidet, welche am besten ist. Diskutiert die Maßnahmen in der Gruppe und gebt Gründe an, die für oder gegen die Maßnahmen sprechen. Wägt die Gründe gegeneinander ab und begründet eure Entscheidung.

15 Wenn Sinne ausfallen

Behinderte Menschen haben es schwer, sich zu verständigen, sich zu orientieren und zu agieren. Sie nutzen andere Möglichkeiten.

a) Stellt in einer Übersicht zusammen, welche Behinderungen durch Ausfall von Augen und Ohren zustande kommen.

b) Diskutiert darüber, wie man sich gegenüber einer behinderten Person verhalten sollte.

A Anhang

Lösungen zu Teste dich selbst

Vom Licht

Wähle aus ↗ **S. 48**

1 B, C; 2 A, D; 3 A; 4 A; 5 A, B

Beantworte ausführlich ↗ **S. 49**

1 Fahrzeuge mit Licht werden von anderen Verkehrsteilnehmern besser wahrgenommen. Reflektoren werfen das Licht immer nur in die Richtung des Senders zurück. Ein Fahrzeugführer sieht also Reflektoren an Menschen oder Gegenständen nur bei eingeschaltetem Licht.

2 Die Überraschung ist sehr groß, wenn wir ein Loch in der Hand sehen, die sich neben dem Tubus befindet.
In jedem Auge entsteht ein Bild auf der Netzhaut. Unser Gehirn überlagert die beiden Bilder, die auf der Netzhaut von jedem Auge entstehen.
Das Gehirn vermittelt uns so einen Sinneseindruck, als würde es nur ein Bild geben.

3 a) Reflektoren setzen Licht voraus und reflektieren Licht in die Ausgangsrichtung zurück. In vielen Alltagssituationen ist helle Kleidung zusätzlich sinnvoll.
b) Die Sonne scheint nicht weniger. Die Wolken verhindern aber, dass alles Licht der Sonne auf die Erde gelangt.
c) Diese Aussage ist falsch. Das Bild wird größer.

4 Pia muss in der Position D stehen, weil nur in dieser Position kein Licht, das sie reflektiert, in die Augen von Tim und Lena gelangt.

5 a) Die Randstrahlen sind falsch eingezeichnet.
b) Variante 1:
Der Einfallswinkel beträgt 60°. Dann muss auch der reflektierte Strahl so gezeichnet werden, dass der Reflexionswinkel 60° beträgt.
Variante 2:
Der einfallende Strahl wird so gezeichnet, dass der Einfallswinkel 30° beträgt.
c) Das Bild muss umgekehrt sein.
d) Der Kernschatten wird von den Strahlen begrenzt, die vom Rand der Sonne ausgehen.

Vom Messen

Wähle aus ↗ **S. 68**

1 A, C; 2 A, C; 3 B; 4 B; 5 A

Beantworte ausführlich ↗ **S. 69**

1 Die beiden können die Tafel Schokolade in kleine Stücke brechen und alle Stücke in den Messzylinder werfen. Das Volumen der Tafel Schokolade ist gleich der Summe der Einzelvolumen aller Stückchen.

2 a) 4 – Die Temperatur in der Sauna kann 80 °C betragen.
b) 2 – Das Fieberthermometer ermöglicht das genaue Ablesen der Temperatur.
c) 3 – Die Außentemperaturen können zwischen – 30 °C und 50 °C (in der Sonne) liegen. Deshalb braucht man ein Thermometer mit einem entsprechenden Messbereich.
d) 3 – Im Tiefkühlfach eines Kühlschranks herrschen Temperaturen von etwa –20 °C. Dieser Bereich muss also beim Thermometer vorhanden sein.
e) 1, 3, 4 – Die Temperatur muss im Bereich zwischen 20 °C und 40 °C zu messen sein. Günstiger ist aber 1, weil es schwimmt.

3 Für die rechnerische Bestimmung des Volumens muss Ralf die Kantenlängen der quaderförmigen Packung messen und multiplizieren. Volumen = Höhe · Breite · Tiefe. Für das Messen der Längen eignet sich ein Lineal oder ein Geodreieck.

4 a)

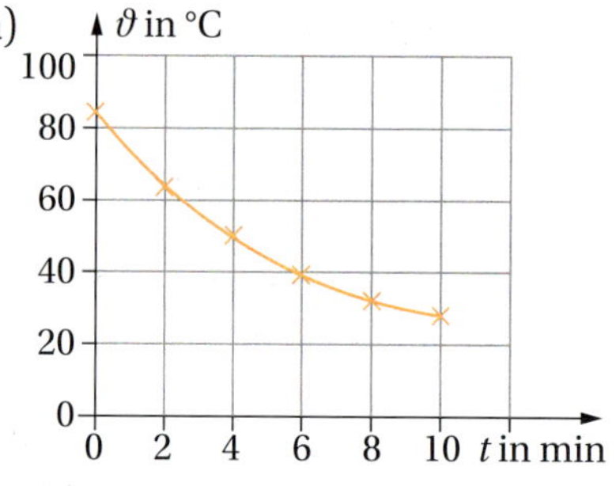

b)

t in min	0	2	4	6	8	10
ϑ in °C	85	63	49	39	33	28
$\Delta\vartheta$ in °C	–	22	14	10	6	5

c) Die Temperatur nimmt nicht gleichmäßig mit der Zeit ab, sondern nach längerer Zeit immer weniger.
d) Die Messwerte werden sich ändern, weil der Austausch mit der Umgebung ein anderer ist. Bei niedrigerer Zimmertemperatur liegen die Temperaturen unter denen des Vortags.

Vom elektrischen Strom

Wähle aus ↗ S. 88

1 A, C; 2 A, C; 3 C; 4 A, C, E, F

Beantworte ausführlich ↗ S. 89

1 a)

Gerät	Wirkung des elektrischen Stroms
Wasserkocher	Wärmewirkung
Toaster	Wärmewirkung
Mixer	magnetische Wirkung
Leuchte	(mit Leuchtstoffröhre) Lichtwirkung

b) Die Geräte sind parallel geschaltet.
c) Wenn der Wasserkocher defekt ist, kann der Toaster trotzdem betrieben werden, weil beide Geräte parallel geschaltet sind. Wenn in dem Wasserkocher allerdings ein Kurzschluss verursacht wird, kann auch der Toaster nicht mehr betrieben werden.

2 Schaltplan für die Reihenschaltung (Schaltung rechts):

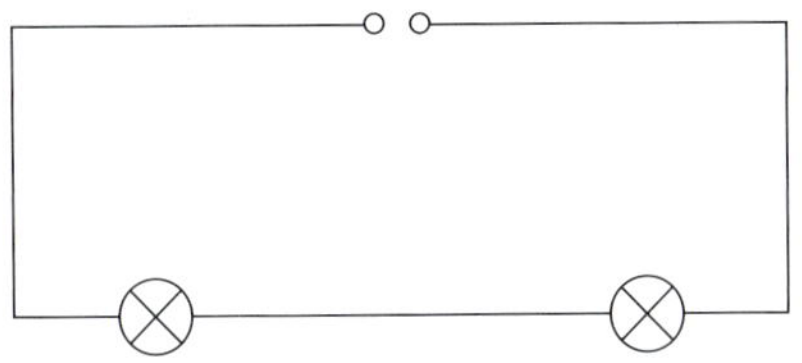

Schaltplan für die Parallelschaltung (Schaltung links):

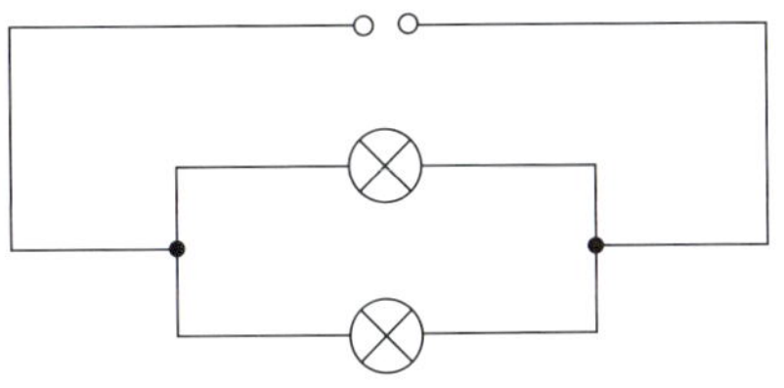

Gemeinsamkeiten:
Beide Schaltungen bestehen aus einer Spannungsquelle und zwei Glühlampen. In beiden Schaltungen leuchten die beiden Glühlampen jeweils gleich hell.
Unterschiede:
In Schaltung links sind die Glühlampen parallel geschaltet, in der Schaltung rechts in Reihe. Die Glühlampen in der Schaltung links leuchten heller als in der Schaltung rechts.

3 a) Die Schaltung darf so nicht aufgebaut werden. Der obere Schalter verursacht beim Schließen einen Kurzschluss. Wird nur der untere Schalter geschlossen, läuft der Motor an.
Bei einer Sicherheitsschaltung darf der Motor nur dann laufen, wenn beide Schalter gleichzeitig geschlossen sind.
b) Sicherheitsschaltungen gibt es u. a. bei Geräten und Maschinen, bei denen gewährleistet sein muss, dass die Hände nicht in die Maschine geraten. Dies ist z. B. bei Heckenscheren, elektrischen Kettensägen und Pressen der Fall.

4 Niklas geht nicht nur extrem leichtsinnig mit seiner Gesundheit um, sondern gefährdet unter Umständen auch Personen, die ihm bei einem Stromunfall zu Hilfe eilen würden. Gerade die Berührung der Pole einer Steckdose, die Spannungen von 230 V liefert, ist für Menschen lebensgefährlich.

5 a) Das Leitungswasser enthält genug Salze und leitet deshalb den elektrischen Strom. Wenn man beim Baden mit elektrischem Strom in Berührung kommt, kann der elektrische Strom durch den Körper fließen – es besteht Lebensgefahr.
b) Benutzung nicht im Wasser, Herabfallen ins Wasser verhindern, nur mit trockenen Händen benutzen.
Elektrogeräte wie einen Föhn sollte man im Bad nur dort benutzen, wo man nicht mit Wasser in Berührung kommen kann.
Niemals in der Badewanne!

6 a) Falsch: Es handelt sich nicht um einen Stromkreis, weil eine Spannungsquelle fehlt.
b) Körper aus Kupfer leiten den elektrischen Strom. Körper aus Kunststoff sind Nichtleiter.
c) Falsch: Schuhe mit Gummisohlen schützen zwar davor, dass der Stromkreis über den

Erdboden geschlossen wird, aber beim Berühren von zwei elektrischen Leitern mit jeweils einer Hand ist der Stromkreis über den Körper geschlossen. Man kann einen tödlichen elektrischen Schlag bekommen. Verlassen kann man sich außerdem nicht auf die isolierende Wirkung der Gummisohlen: durch Verschmutzungen der Schuhe kann eine elektrische Leitfähigkeit ermöglicht werden.

Vom Schall

Wähle aus ↗ S. 108

1 A, B, C; 2 C; 3 C; 4 C; 5 B; 6 C; 7 B, C

Beantworte ausführlich ↗ S. 109

1 a) Aus dem Schlauch („Luftdüse“) strömt Luft auf die sich drehende Lochscheibe. Durch den schnellen Wechsel von Löchern und den sich dazwischen befindlichen Stegen wird der Luftstrom periodisch unterbrochen. Dadurch entstehen Druckunterschiede, die bei einer genügend großen Drehzahl als Schall wahrgenommen werden können.

b) Je nachdem, wie häufig der Luftstrom pro Sekunde unterbrochen wird, entsteht ein anderer Ton. Bewegt man die Luftdüse zum Beispiel von innen zu einem der äußeren Lochstreifen, so wird dort der Luftstrom wesentlich häufiger unterbrochen, da mehr Löcher vorhanden sind. Es entsteht ein Ton mit einer höheren Frequenz.

2 Der Schall wird an den Wänden bzw. an der Decke reflektiert. Die Decke solcher „Flüstergewölbe“ hat in der Regel eine elliptische Form, der Fußboden ist flach. Im Idealfall befinden sich Schallquelle und Schallempfänger in den Brennpunkten einer Ellipse.

3 a) Schall kann nicht nur durch Luft übertragen werden, sondern auch über einen straff gespannten Faden. Wenn man in den Becher spricht, so wird die Luft im Becher in Bewegung versetzt und der Boden des Bechers schwingt hin und her. Dadurch wird auch die gespannte Schnur bewegt und am anderen Ende beim „Empfänger“ zieht der Faden am Becherboden und bringt auch ihn zum Schwingen. Die Luft im zweiten Becher gerät dadurch in Bewegung und es entstehen Schallwellen.

b) Die Verständigung verbessert sich bei einem Metalldraht, da dieser den Schall besser überträgt als ein Faden.

4 Angenommen, das Wasser hat eine Temperatur von 20 °C. Dann gilt:

$s = v \cdot \frac{t}{2}$

$s = 1\,484\,\frac{\text{m}}{\text{s}} \cdot 3\text{ s}$

$s = 4\,452\text{ m}$

Register